One Health
科普丛书

丛书主编／沈建忠

美食城堡的
安全保卫战

主编／张嵘

王战辉

赵贺敏

知识产权出版社

全国百佳图书出版单位

——北京——

图书在版编目（CIP）数据

美食城堡的安全保卫战 / 张嵘，王战辉，赵贺敏主编 .—北京：知识产权出版社，2024.8.
（One Health 科普丛书 / 沈建忠主编）. — ISBN 978-7-5130-9454-2

Ⅰ . TS201.6-49

中国国家版本馆 CIP 数据核字第 2024S6D634 号

内容提要

本书的主角是一群生活在美食城堡的小伙伴，淘气、好吃的代表是胖胖熊，聪明伶俐的是松仔，乐于助人的是雨燕，还有"老江湖"狐大哥。他们在食品安全领域遇到形形色色的问题，包括不健康的饮食习惯，食品中的生物性污染、化学性污染，食品相关的生活小常识等，由专业又细心的小微博士进行解答，并贴心地送上食品安全小贴士。本书通过贴近生活又趣味盎然的小故事带您了解食品安全隐患，学习食品安全知识。

责任编辑：郑涵语　　　　　　　　**责任印制：**刘译文

One Health 科普丛书 / 沈建忠主编

美食城堡的安全保卫战

张　嵘　王战辉　赵贺敏　主编

出版发行：知识产权出版社 有限责任公司	网　　址：http：//www.ipph.cn
电　　话：010-82004826	http：//www.laichushu.com
社　　址：北京市海淀区气象路 50 号院	邮　　编：100081
责编电话：010-82000860 转 8569	责编邮箱：laichushu@cnipr.com
发行电话：010-82000860 转 8101	发行传真：010-82000893
印　　刷：北京中献拓方科技发展有限公司	经　　销：新华书店、各大网上书店及相关专业书店
开　　本：720mm×1000mm　1/16	印　　张：11
版　　次：2024 年 8 月第 1 版	印　　次：2024 年 8 月第 1 次印刷
字　　数：134 千字	定　　价：52.00 元
ISBN 978-7-5130-9454-2	

编委会

丛书序

21世纪，经济全球化给我们的生活带来了翻天覆地的变化。人类在享受全球化飞速发展成果的同时，也面临着严峻的健康挑战。新型突发传染病、食品安全、环境污染等公共卫生事件频发。越来越多的研究发现，人类的健康与动物及生活的生态系统息息相关。人畜共患病因随着动物和人类之间的互动相互传播，而环境的变化可能会加速疾病的传播；抗微生物药物的滥用会导致病原体对药物产生耐药性，这些耐药的微生物会通过环境和食物链在动物和人类之间进行传播，最终导致抗微生物药物失效。近年来，国内外研究结果都在提醒人们，人类的健康不再是狭义的健康，"同一健康"（One Health）的概念应运而生。"同一健康"理念旨在可持续地平衡和改善人类—动物—植物—生态系统的健康，呼吁人们通过跨学科、跨部门、跨行业的合作，采用整体、系统的策略来识别人类—动物—植物—生态系统之间的相互联系。2022年10月17日，联合国粮食及农业组织（FAO）、联合国环境规划署（UNEP）、世界卫生组织（WHO）和世界动物卫生组织（WOAH）四方共同发布《"同一健康"联合行动计划》，为"同一健康"理念的践行提供了切实可行的行动计划。

　　为了增进公众对"同一健康"的认知，本着促进科学技术知识的普及和传播的初衷，中国农业大学和浙江大学的师生们精心策划了"One Health科普丛书"。本系列丛书紧密围绕"同一健康"主题，联合临床医学、动物医学、环境科学、食品科学等学科，着眼于与人类生活密切相关的健康问题，涵盖临床感染性疾病的诊治、食源性疾病、宠物健康、食品安全问题、抗生素耐药性问题等方面，深入浅出地传播微生物科学知识。希望通过这套丛书的阅读，读者对于人类—动物—植物—生态系统有更加深刻地理解和认识。

中国工程院院士

沈建忠

前　言

自古以来，民以食为天。作为人类生存必需品，食物的重要性不言而喻，食品安全是关乎人类健康和社会稳定的民生问题。不安全的食品给全球公共卫生造成严重威胁，危及每一个人，据WHO数据统计，不安全的食品可导致从腹泻到癌症等200多种疾病，平均每天有160万人因不安全的食品而患病，有340名年龄在5岁以下的儿童死于可预防的食源性疾病。❶国内外食品安全事故频发，土坑酸菜、孔雀石绿海鲜、苏丹红鸭蛋、三聚氰胺毒奶、地沟油、瘦肉精、塑化剂、镉大米、毒豆芽、福喜问题猪肉、抗生素残留速生鸡等，这些触目惊心的不安全食品，不仅危害人体健康，更是严重干扰社会经济秩序，遗患无穷。在中国，党和政府高度重视食品安全问题，将食品安全列为《国家中长期科技发展规划纲要（2006—2020年）》公共安全领域的优先主题。国务院成立了高层次国家食品安全委员会及办公室，国家先后颁布了《中华人民共和国农产品质量安全法》《中华人民共和国食品安全法》和《中华人民共和国食品安全法实施条例》，严格规范安全食品的生产与销售。

---

❶ 世界卫生组织 . 世界食品安全日 [EB/OL].（2023-01-20）. https：//www..who.int/zh/campaigns/word food-safety-day/2023.

细菌、病毒、寄生虫等病原体和化学物质等均可能污染食物，而食品的生产、加工、流通等各个环节均存在食品安全风险。因此，要解决食品安全问题仅仅依靠单方面的力量是远远不够的。基于 One Health 的理念，动物医学、环境科学和临床医学等多学科必须加强沟通、联合行动，以建立和实施有效的食品安全系统，确保人人共享食品安全和健康。

作为普通大众，我们又该如何理解 One Health 理念下的食品安全？我们又该如何捍卫我们的食品安全权益？在这本《美食城堡的安全保卫战》中，我们将带领您进入一个有趣的美食城堡，贴近生活又趣味盎然的小故事将带您认识食品安全隐患、学习食品安全知识，相信读者定会受益匪浅！食品安全，人人有责！

目　录

※ 食品中的化学炸弹——化学性污染 ※

※ 虚伪的假面——滥用食品标识 ※

※ 健康的度量衡——适量饮食 ※

※ 美食家的智慧——生活小常识 ※

小微博士

特性：上懂天文，下晓地理

松仔

外号：智慧星

特性：聪明伶俐，善于思考

雨燕

外号：及时雨

特性：飞行速度快，乐于助人，松仔的

得力小助手

胖胖熊

外号：淘气鬼

特性：最大的爱好就是吃吃吃，

一个十足的淘气鬼

狐大哥

外号：老江湖

特性：无所事事，不爱学习

美食的陷阱

——不健康饮食习惯

1. 翻滚的麻辣烫君

自从创建学习兴趣小组后，班级的学习氛围就更加浓厚了。这天放学后，在学校的草坪上坐着的胖胖熊、雨燕还有松仔在专心致志地学习，他们时而阅读，时而讨论，金色的夕阳恋恋不舍地收敛了最后一缕余光，像是不忍打扰他们似的。夕阳西下，胖胖熊伸了伸懒腰，便喊着大家

▲ 翻滚的麻辣烫君

一起去吃晚饭。松仔邀请大家去他家里吃饭，胖胖熊摇摇头道："前几天中心街道新开了一家小吃店，特别好吃，我们去试试吧？"旁边的雨燕表示赞同。

三人收拾完书包就走向了中心街道，还没到就远远地看到门口排起了长队，而且送外卖的小哥也忙得不可开交，大伙不由得加快了速度，然而到地方才发现这只是一家麻辣烫小吃店，店内烟雾缭绕，门口的锅内翻滚着的滚烫油水，散发着阵阵香味。胖胖熊流着口水便拉着大家往里面走，松仔则想起了上次吃麻辣烫时，嘴上烫了一个水泡好久都没有消下去。坐下来后松

仔提醒大家待会儿一定要吃慢一点，避免烫伤自己，雨燕和胖胖熊则满不在乎。热腾腾的麻辣烫终于端上来了，胖胖熊美美地喝了一口汤，雨燕也学着胖胖熊的做法吃了起来。突然雨燕大叫一声，说自己被烫了，于是她赶紧灌了几口凉水便接着吃，而胖胖熊也被其中的辛辣味呛得不轻。到大家离开时，雨燕感觉自己嘴里起了一个大水泡，而且越来越疼，三人不得不去中心卫生所对雨燕的伤口进行处理。

值班的医生叔叔看到雨燕口中的水泡，语重心长地说道："你们这是吃了什么东西，烫得这么厉害，你最近的饮食可要注意了，一点辛辣食物都不能吃。"雨燕口齿不清地告诉医生他们吃了麻辣烫，医生叔叔叹了一口气说道："你们这些孩子就喜欢吃这些东西，站在养生的角度这些东西是存在很多安全隐患的，你看你的嘴都烫成这个样子了，而你的肠胃黏膜更脆弱！"处理完之后，医生叔叔拿起书桌上的养生书给雨燕他们看，书上对麻辣烫提到了以下几点。

食材含非法添加剂：受利益驱使，不少摊贩或海产品零售商为了使海产品看上去新鲜、保存时间长，常常会使用国家禁用的工业碱、福尔马林（甲醛）发泡。

过度刺激肠胃：麻辣烫的口味以辛辣为主，虽然能很好地刺激食欲，但同时由于过热、过辣、过于油腻，对肠胃刺激很大，过多食用有可能导致肠胃出现问题。

菜煮不熟，易引起消化道疾病：街边麻辣烫常常是满满的一锅，如果没有烧开、烫熟，病菌和寄生虫卵就不会被彻底杀死，食用后容易引起消化道疾病。

温度过高，伤害胃肠黏膜：人的口腔、食道（食管）和胃黏膜一般最高只能耐受50~60℃的温度，太烫的食物会损伤食管和胃黏膜，导致急性食管炎和急性胃炎。

口味过重：麻辣烫味道太浓太辣，成分过于油腻，容易导致高脂血症、胃病、十二指肠溃疡等疾病。

医生叔叔又说："虽然我们不能一概而论，但是麻辣烫确实存在一些饮食上的安全问题，你们这些孩子以后要注意麻辣烫的危害，尽量避免对自己的身体造成不必要的伤害。"大家礼貌道谢后便告别了医生叔叔，连胖胖熊都不禁感慨道："饮食真的是一门大学问。雨燕，对不起，我以后会注意的。"雨燕卷着舌头道："没关系的，这也是我们没有听松仔的劝告，以后我们改掉自己不合理的饮食习惯就好了，对吧？"大家达成一致，满意而归。

 【小微博士有话说】

（1）吃是一门大学问，在饮食的道路上我们要吃到老，学到老。

（2）麻辣烫、大排档等路边小吃安全隐患大，选择的时候一定要谨慎。

2. 果汁色彩斑斓的秘密

时值硕果累累的夏天，城堡内各种水果应有尽有，小微博士给同学们布置了一个任务：周末自己挑选水果并为亲人榨一杯新鲜果汁，拍下果汁美照并附上感想贴到教室后面的心愿墙上。

这天，松仔、胖胖熊还有雨燕约好一起去超市。大家热情高涨，认真挑选水果、配料。为了使自己的果汁更加美味，胖胖熊美滋滋地买了一罐蜂蜜；松仔挑选好橙子后，又买了自己喜欢的核桃、花生等坚果做配料；雨燕只是简单地买了苹果，因为她更喜欢喝泉水。选好食材后，大家便各回各家准备大展身手。

周一终于来了，可是大家看着并没有想象得那么开心，小微博士提出要看大家的照片时，大家都迟迟不愿拿出自己的"作品"。了解情况后，小微博士才知道原来是大家都认为自己做的果汁没有超市的美味、好看。小微博士鼓励大家敢于表现自己。雨燕首先拿出了自己的苹果汁照片，结果并不像大家想象的是美丽的青色，而是暗黄色，看着很没有胃口。雨燕说道："我也不知道为什么，我什么东西都没放，做好后等妈妈回来后就已经是黄色的了，就像坏了一样。"小微博士笑笑示意雨燕坐下，鼓励其他同学展示自己的果汁。很多同学表示，他们和雨燕一样，很认真地做，没有放错东西，做出来却不好喝，也不好看。松仔举手说道："平时在超市买的橙子汁特别好喝，我自己做的却特别酸，我还放了坚果，却没有像超市卖的果汁那么美味，后来我就没有拿给妈妈喝。"胖胖熊窃喜道："还是我机智，我昨天做得不好喝，便去超市给妈妈买了一瓶芒果汁，妈妈还夸奖我懂事了。"

教室里炸开了锅，有疑惑、有争论，小微博士示意大家安静并说道："其实大家已经很棒了，能自己动手做果汁就是一个进步，爸爸妈妈会为你们的成长感到开心的。至于为什么你们做得不美味，下面我为大家解答。"小微博士打开幻灯片说道："就像雨燕说的，你们什么都没加，果汁却像坏了一样，其实正是因为你们没有加'东西'，所以果汁才会坏，超市里的果汁存放一定时间不会变质的原因是它们加了抗氧化剂。"小微博士还告诉大家，水果中含有丰富的维生素，暴露在空气中特别容易被氧化变色从而失去营养价值，所以自制鲜果汁要尽快饮用。大家不解：既然如此为什么还要榨果汁，直接买不就好了？小微博士耐心地告诉大家，自制果汁更安全、更健康、更营养。至于超市的饮料果汁主要有以下几点危害：

①添加了过多的糖类，热量过高，更易堆积脂肪；

②添加了人工色素以增加其颜色，这也是果汁色彩斑斓的秘密；

③维生素破坏严重，且容易变质，影响健康。

雨燕小声喃喃道："还不如直接喝白开水呢！想补充维生素直接吃水果，白开水还能促进新陈代谢、清肠道。"小微博士表示雨燕说得很对，白开水有很多好处，每天早起一杯水，喝够八杯水，身体健康肠道好。

▲ 喝白开水更健康

【小微博士有话说】

（1）补充维生素等营养物质要注意方法，新鲜水果的维生素含量更高。

（2）很多情况下越是鲜艳的东西越不健康。

（3）白开水越喝越健康。

3. 被密封的水果宝宝

　　这天城堡中心超市大打折，放学后胖胖熊拉着大家奔向了中心超市，松仔买了几个桃子，胖胖熊则拎了三盒黄桃罐头。回家的路上，胖胖熊嫌弃松仔买的桃子容易腐烂，放不了几天。

　　松仔喃喃自语道："为什么罐头里的黄桃可以保持很久不腐烂呢？难道是因为加了一些不让罐头腐烂的化学物质吗？"

　　"我们一起去图书馆查一查吧，刚好我们可以在图书馆把今天的作业完成后再一起回家。"雨燕开心地回答。于是，三个人开开心心地一起来到了城堡知行书店。

　　半个小时后，松仔和雨燕已经翻了好几本书了，胖胖熊的一盒罐头也见底了。

　　雨燕说："书上说罐头是真空包装，没有氧气，细菌不能繁殖，所以不会腐烂，我们自然课上老师也讲过。"

　　"那我懂了为什么罐头有胀盖就不能吃了，因为胀盖就进了空气，会有细菌繁殖。"松仔惊喜道。

　　松仔又纳闷罐头瓶子上的添加剂D异抗坏血酸钠是什么。

　　雨燕又找了一本关于食品添加剂的书为大家解答，D异抗坏血酸钠是一种维生素C的立体异构体，是食品行业中重要的抗氧保鲜剂，可保持食品的色泽、自然风味，延长保质期，且无任何毒副作用。

胖胖熊兴奋地说道："看，无任何毒副作用，罐头一点害处都没有。"说着胖胖熊又打开了一盒罐头请大家吃。

松仔拿起书本说道："看这里，书上说D异抗坏血酸钠在干燥状态下，在空气中相当稳定，而在溶液中暴露于大气时则会迅速变质，那我们打开罐头也是要尽快吃掉的。"

雨燕看到了小微博士也在图书馆，几个人便跑去打招呼。

"小微博士您也在这儿呀？"雨燕问道。

小微博士看到大家都在图书馆，便夸奖道："这是一个值得表扬的好习惯。"

"我买了罐头，他们很奇怪为什么罐头保存的时间那么长，总认为这个罐头添加了不干净的东西，所以过来查查资料，其实一点问题都没有。"胖胖熊回答道。

"那你们都有什么收获？"小微博士问道。

松仔详细地说了他们的发现后，小微博士连连称赞大家的探索精神并向大家解释合格的罐头里确实没有防腐剂。

胖胖熊立马接话道："看，罐头没有任何坏处，还有营养，保存时间又长，多好。"

小微博士站起来说："尽管罐头里没有添加防腐剂，但是有些不合格厂家会私下添加防腐剂，所以买罐头要去正规厂家，看合格证。另外，你们吃水果是为了什么呢？"

松仔思索了一下说道："为了补充我们体内需要的维生素。"

小微博士说道："松仔说得对，但是罐头在制作过程中却破坏了水果中富含的维生素和氨基酸，这大大降低了其营养价值。"

说着小微博士就拿起了桌上的罐头指着添加剂甜蜜素说道："我给你们半个小时的时间探究探究这甜蜜素到底是什么。"半个小时后雨燕首先说了自己的发现：甜蜜素是一种常用甜味剂，其甜度是蔗糖的30~40倍。

松仔点点头说道："摄入过量的甜蜜素会对人体的肝脏和神经系统造成危害，尤其是老人、孕妇、小孩儿危害更明显。"

胖胖熊惊讶地说道："我以后再也不吃罐头了"。

松仔拍了拍胖胖熊的肩膀："以后少吃点就行，还是像我一样买新鲜水果好。"

此时，最后一缕阳光洒在了书桌上，这是在和大家说告别，大家也朝小微博士挥了挥手，满载而归。

▲ 黄桃罐头

【 小微博士有话说 】

（1）罐头制作过程破坏了水果的氨基酸和维生素。

（2）罐头虽好，老人、孕妇和小孩儿却不宜多食用。

（3）某些工厂制作过程不合法，为了防腐会添加防腐剂，另外还会添加色素等添加剂。

（4）购买罐头注意事项：①选用正规厂家、品牌罐头；②包装完好。

4. 常吃爆米花，肥胖和你不分家

　　春去秋来，花开花落。时光在不经意间悄悄流逝，美食城堡里的小伙伴们就这样幸福快乐地生活着。一天又一天，一年又一年，城堡里很多事物都在不停地变化，但是也有一些东西一直没变，比如胖胖熊，还是熊如其名，拖着笨重的身体，一如既往地好吃、爱制造麻烦。最近有一件对胖胖熊来说很期待的事情，那就是他的生日快到了。每年他生日，熊妈妈熊爸爸都会给他做很多好吃的，还会带他去好玩的地方，最重要的是熊妈妈曾承诺每年在胖胖熊生日的那天，都可以满足他一个小小的愿望。时间过得很快，胖胖熊的生日越来越近了，他早就已经想好自己的小愿望了。原来胖胖熊的愿望是生日那天要妈妈带他去电影院看《哪吒之魔童降世》。

　　胖胖熊的生日终于到了。当清晨的第一缕阳光照进城堡里，胖胖熊就睁开了眼。今天他特别开心，终于能去看电影了，而且回到家还能吃到好多好吃的东西。吃过午饭，胖胖熊和熊妈妈开始往电影院走。一路上胖胖熊暗暗高兴，一会儿要看电影，那就一定有爆米花吃了，爆米花可是他最爱吃的零食之一。胖胖熊担心妈妈忘记，于是开始提示妈妈："妈妈，你说看电影的时候一定不能少了什么？"熊妈妈怎会不了解他这个小吃货的小心思呢，但妈妈提醒胖胖熊，他已经够胖了，是不是该少吃一些油炸食物呢？可是妈妈还是拗不过胖胖熊的哀求，不得不答应给他买。电影院附近卖爆米花的商店真不少，而且爆米花还有很多种口味，有巧克力爆米花、奶油爆米花、芥末爆米花、草莓爆米花、香料盐爆米花……胖胖熊挑了一大桶奶油爆米花，这是他最爱吃的口味，然后跟着妈妈走进了电影院。

▲ 香香的爆米花

电影开始了，胖胖熊的心思不在看电影上。他呀，一心在吃爆米花。今天真巧，松仔也来看电影，还就坐在胖胖熊不远处。他一眼就看到了正抱着一大桶爆米花吃的胖胖熊。松仔叹了口气摇摇头，想着："这胖胖熊难怪这么胖，原来是喜欢吃爆米花，今天被我发现了，我不能坐视不管呀。再看胖胖熊那吃爆米花的速度，估计电影还没播放完，这一大桶爆米花就要消失在他眼前了，那又得多增好几斤吧，不行，我得阻止他。"松仔盘算着："现在在电影院，大声讲话交流是很不礼貌的，我该怎么办呢？"正想着，发现胖胖熊好像要起身出去，他连忙跟上去。原来胖胖熊是想去外面买点喝的。当胖胖熊买好饮料要回去时，却被松仔叫住了。松仔告诉胖胖熊："吃太多爆米花是不好的，你不知道吃太多爆米花很容易发胖的吗？"胖胖熊反驳道："可是爆米花好吃，我喜欢吃。""你知道你为什么这么胖了吗，因为这东西脂肪含量很高，常吃爆米花的人会肥胖。"可是胖胖熊却觉得松仔说得没有根据，一点不相信他，反驳道："我知道自己胖，但这是因为我爱吃又不喜欢运动，跟爆米花没关系。"松仔觉得自己说服不了胖胖熊，只能请小微博士出面了。松仔告诉胖胖熊："我说的是对的，你不相信，我们可以去找小微博士，我只是想帮你，并不是不许你吃。"胖胖熊答应一起去找小微博士评评理。

于是等电影结束以后，他们直接奔向小微博士家。小微博士一见他俩来，就知道肯定是胖胖熊又有难题了。问过缘由之后，小微博士心平气和地告诉胖胖熊："爆米花可以吃，但是得少吃。松仔说得都是对的，因为爆米花在制作过程中使用的奶油是富含反式脂肪酸的氢化植物油，这种油容易使人发胖。其实呢，爆米花还有其他危害，一些劣质低成本的爆米花里可能含有重金属铅，铅进入人体后，渐渐积累增多之后可能会损害人的神经系统和消化系统。对于儿童来说，常吃爆米花的话，会出现食欲下降、腹泻、生长发育缓慢等现象，所以爆米花其实是很不健康又危险的食物，得少吃。"胖胖熊被吓呆了，他只知道爆米花好吃，却不知道它原来也是这么危险的东西。他告诉小微博士，自己以后会少吃的，还向松仔表示了感谢。小微博士欣慰地告诉胖胖熊："嗯嗯，你会更健康的。"

 【小微博士有话说】

（1）老式制作的爆米花的铁罐内有一层含铅的合金，当给爆米机加热时，其中的一部分铅会变成铅蒸气进入爆米花中，随后，铅就会随着爆米花进入人体。长期大量地食用爆米花，容易造成肺部的损伤，易引起呼吸困难和哮喘，严重的甚至危及生命，故不宜多食。

（2）爆米花或米花糖含铅量高，铅进入人体会损伤神经、消化系统和造血功能，儿童对铅的吸收率比成人高出数倍，加之儿童的解毒功能弱，若常食之，易致慢性铅中毒，会出现食欲下降、腹泻、烦躁、牙龈发紫和生长发育迟缓等症状。

5. 香甜诱惑

中午知了不知疲惫地叫着，给人带来一种夏日的烦躁，没有一丝风，大地活像一个蒸笼。美食城堡的松仔、胖胖熊和雨燕三个小伙伴结伴走在回家的路上，被这炙热的空气烤得无精打采的。走着走着，他们路过一家甜品店，看到店家挂在外面海报上展示的冰激凌，想象着冰激凌在嘴巴冰

▲ 冰激凌

冰凉凉、香甜可口的画面。于是胖胖熊按捺不住，率先跑到甜品店的窗口准备买冰激凌，松仔和雨燕看到胖胖熊这一举动，也紧跟着进入甜品店的橱窗前准备买冰激凌。不一会儿，三个人就一人拿着一支冰激凌吃着，感觉走路都有精神了。胖胖熊边吃边说："冰激凌可真好吃，这么热的天气真想多吃几根，可惜没有零用钱了。"松仔也说："这冰激凌冰冰凉凉的，又解渴、又解暑，吃了浑身都有力气了。就是没有钱了，不然我也想多买几个。要不我们回去和爸爸妈妈商量一下，看在夏天天气这么热，每天中午都要走这么远的

路上下学，给我们加点零用钱好买解渴的冰激凌。"胖胖熊和雨燕听了之后都表示同意。

　　于是，三人回到各自的家中和父母商量增加零用钱的事情。每家的父母考虑到最近天气确实很热，让他们自己多吃点冷饮也不错就同意了。接下来这一个月的炎炎夏日，松仔、胖胖熊和雨燕三个小伙伴在每天中午放学时都会买两三支冰激凌在路上吃。渐渐地，胖胖熊的爸爸妈妈发现胖胖熊变得更胖了，松仔和雨燕的爸爸妈妈觉得自己的孩子越来越瘦，而且每次回家吃饭都只吃一点点儿。几位爸爸妈妈聚在一起商量孩子们到底是因为什么事情才变成这样的。熊爸爸说："我们去找小微博士吧，她一定知道是什么原因。"

　　小微博士听完爸爸妈妈们的问题，又询问完最近一个月孩子们的饮食状况后说："胖胖熊变胖、松仔和雨燕变瘦都是由于过量食用冰激凌。冰激凌的热量很大，胖胖熊是那种消化功能好，容易吸收，加上正常饮食，体重自然而然就会增加。但是像松仔和雨燕，大量食用冰激凌后，会使胃肠功能紊乱，厌食毛病会越来越重，影响营养吸收，体重下降。"爸爸妈妈们听完小微博士的话后，才知道都是平时吃多了冰激凌的原因。小微博士接着说："夏天天气炎热，这个时候吃饭有时候会没有胃口，这时吃一些冰激凌是一个迅速补充体力、降低体温的好方法，但是要控制量。"

　　爸爸妈妈回去后，就对自己的孩子进行了批评教育，规定以后每天只能吃一支冰激凌，并且到了饭点必须吃饭。

【小微博士有话说】

（1）夏天吃冰激凌是一个迅速补充体力、降低体温的好方法，但是要适量。

（2）过量食用冰激凌会导致肠胃损伤、发胖甚至厌食，因此不要因为贪吃而损害自身的健康。

6. 炸鸡的正确打开方式

地上的土块被晒得滚烫，偶尔吹过的风也充斥着黏稠感，天气闷热得很，盛夏就这样到来了。美食城堡里的居民们，经历过白天的燥热后，最喜欢点上一份炸鸡，再配一扎冰啤酒，三五成群地坐着，肆意享受着难得的清凉。

胖胖熊是炸鸡的铁杆粉丝，哪怕是在饭后也总是能把一整份炸鸡消灭得干干净净。临近三伏天，胖胖熊的食欲愈发下降，但唯独对炸鸡的热爱只增不减，于是熊妈妈干脆给他点了两份炸鸡、一大瓶冰可乐，好让胖胖熊填饱肚子。这可把胖胖熊乐坏了，沁人心脾的冰可乐、香脆鲜嫩的炸鸡简直就是他心目中的完美搭档。一顿胡吃海喝之后，胖胖熊心满意足地去睡觉了。

可没等熊妈妈躺下，就听见胖胖熊突然喊肚子痛。只见胖胖熊蜷缩着身子，疼得在床上直打滚儿，额头上布满了细密的汗珠，吓得熊妈妈急忙把胖胖熊送到医院。经过一番检查后，发现原来是急性肠胃炎在作怪。医生解释道，饮食不卫生、冷热刺激或者暴饮暴食等，会损害胃肠黏膜，导致胃功能紊乱，极易造成急性肠胃炎，而在夏天则更应该注意饮食问题。熊妈妈连连点头，回家后赶忙向小微博士请教自己对胖胖熊的饮食管理方法。

▲ 炸鸡与冰可乐

　　小微博士在听熊妈妈道明整个经过后，可真是替胖胖熊捏了一把汗，好在胖胖熊现在并无大碍了。她语重心长地对熊妈妈说："在炎热的天气里，炸鸡火了，但我们的身体可不能'上火'呀。"

　　炸鸡属于典型的油炸食品，美食城堡的居民早已听闻过：一只炸鸡腿的危害等同于60支香烟。虽然此说法并无明确考证过，但是炸鸡带给人体的危害不容小觑。

　　尽管鸡肉的蛋白质含量丰富，但其本身缺乏膳食纤维与其他水溶性维生素。当鸡块经高温加热后，其营养成分会遭到不同程度的破坏，且随着油温的升高和煎炸时间的延长，营养成分被破坏的程度就更加明显。因此一通煎炸之后，鸡块的营养所剩无几，如果不注意其他食物如蔬菜、牛奶的补充，长此以往必然会造成青少年营养失衡，影响生长发育。

为了使炸鸡达到松香脆软的口感，商家通常会选用棕榈油等饱和脂肪酸含量高的油，并且会在鸡块表面裹上一层面糊。这样一来，炸鸡表层的面糊将会使人摄入更多的油脂。高热量、高油脂而又难消化的炸鸡，会给人体消化系统带来巨大的负荷，引起腹部饱胀等不适症状。其中的饱和脂肪，还会使人体胆固醇升高，诱发高血压、糖尿病等心血管疾病，使成人病"年轻化"。除此之外，商家为节约成本，煎炸鸡块的油通常会被反复使用。食用油经反复高温加热，分子结构发生变化，其产生的有害物质成为潜在的癌症诱发源。

值得警觉的是，炸鸡因口感独特具有一定的"成瘾性"。这就会使人们难以控制进食量，导致人体内分泌系统发生变化，从而引发孩子肥胖、智力减退、免疫力下降，甚至性早熟等健康发育问题。

听到这儿，熊妈妈不禁懊悔不已，胖胖熊之前吃的炸鸡实在太多啦。幸好有小微博士及时支招，熊妈妈暗自下定决心，以后一定要严格管理胖胖熊的饮食。

 【小微博士有话说】

（1）炸鸡多吃无益。但毕竟"吃"的目的不仅是吃本身，有时更是为了满足某种精神上的享受。因此，小微博士建议，若实在抵挡不住炸鸡的诱惑，可选择自己制作享用。一来可以保证鸡肉的新鲜度；二来也可对食用油的安全性放心。但在食用炸鸡时，最好搭配富含维生素和抗氧化剂的果蔬，如猕猴桃、芋头、油菜、豇豆等。

（2）至于网红"星星餐"——炸鸡配啤酒，小微博士极其反对。首先，两者都属于高热量食物，啤酒向来有"液体面包"之称，而炸鸡的热量更是惊人。其次，冷啤酒和热油炸食品的搭配，更容易刺激肠胃，损伤胃黏膜，导致消化不良，引起急性肠胃炎、消化道溃疡等肠道问题。最后，这样的组合很可能会引起人体尿酸增高，导致高尿酸血症，甚至引发痛风。

（3）高温天气，人体肠道也会变得敏感。小微博士建议饮食要以清淡为主，少吃燥热的油炸食品及强刺激性的冷藏酒水。

7. 碳酸饮料滋滋滋

这个下午清风徐徐、阳光正好。胖胖熊、松仔和雨燕下午没事便约好了要一起去美食城堡后面的体育公园运动。

公园里有很多人在锻炼，有跑步的、打球的，还有玩儿滑板的，三个小伙伴看得目不暇接。"我们去跑步吧，绕着湖边跑可舒服了。"松仔说道。"可是这么大的公园，跑起来也太累了吧！"胖胖熊望着一眼看不到尽头的湖惆怅道。"那我们去打球吧，看起来很有趣的样子。"雨燕建议道。"可是我们也没带球拍呀。"胖胖熊又说。胖胖熊的话让松仔和雨燕犯起了难。

远处的狐大哥看着三个小伙伴在原地转圈圈，便走过来问道："你们也是过来运动的吗？要不要一起玩儿滑板呀，我可以教你们哦。"狐大哥的话让三个小伙伴眼前一亮："真的吗？真的吗？那就谢谢狐大哥啦！"胖胖熊率先举起了自己的小胖手，松仔和雨燕也连忙点了点头。

随着太阳慢慢地朝西走，三个小伙伴和狐大哥已经在公园里玩了一个下午的滑板，个个都是大汗淋漓的。"好渴呀，我们去买点喝的吧。"胖胖熊此时已经累瘫在地上，有气无力地说道。"走，快起来，我带你们去买好喝的。"狐大哥指了指前面的小卖铺说。胖胖熊一骨碌从地上爬起来，跟着狐大哥往前走，松仔和雨燕也蹦蹦跳跳地跟了上去。

　　"老板，来两瓶可乐、两瓶雪碧。"狐大哥熟练地跟小卖铺老板说道，扭过头对三个小伙伴说："我跟你们说，这可都是碳酸饮料，一打开滋滋滋的，比白开水好喝多了，可解渴了。"狐大哥拿过来老板递来的饮料便打开瓶盖，"滋滋滋"的声音让三个小伙伴很是好奇，看着冒出来的饮料睁大了眼睛。

▲ "冰爽"的饮料

　　这时，刚好下班路过小卖铺的小微博士看到了他们和狐大哥手里的碳酸饮料，便摇摇头，过来对他们说："小朋友们要少喝碳酸饮料哦，很多人觉得喝碳酸饮料特别的解渴，其实这只是暂时的效果。喝汽水后，汽水中的二氧化碳会带走体内一定的热量，所以它感觉比其他饮料更能起到解渴、降温的作用。不过，由于碳酸饮料中糖分过高，加之像可乐等碳酸饮料中还含有咖啡因等，有利尿作用，会促进机体水分排出，所以当你喝碳酸饮料后，没过多久就会觉得又渴了。"

"让我给你们介绍一下碳酸饮料的危害吧。"小微博士说道。

"首先，碳酸饮料主要成分就是糖和碳酸水，加上香料、柠檬酸、咖啡因、色素等添加剂，成分单一，营养价值低。而且，其中的含糖量也非常地高。据实验发现，一瓶500毫升的雪碧，大概含有14块方糖的量，喝多了很容易造成糖摄入超标，长期饮用碳酸饮料还可能会导致肥胖，一定要注意哦。

其次，碳酸饮料会损害牙齿健康。在酸性条件下，牙齿的矿物质会发生溶解脱矿，经常喝碳酸饮料会'腐蚀'牙齿的牙釉质，导致牙齿出现'酸蚀症'；而且，碳酸饮料的含糖量也较高，如果不能及时清洁口腔，很容易造成细菌滋生，形成龋齿。

最后，碳酸饮料对消化系统也有影响。碳酸饮料中含有大量的二氧化碳，二氧化碳进入胃里可能会影响正常菌群的活性；而且二氧化碳对胃有刺激作用，容易引起腹胀感，甚至造成胃肠功能紊乱。

研究发现，经常大量饮用碳酸饮料的青少年，其发生骨折的危险性是不饮用这种饮料的青少年的3~5倍。碳酸饮料中含有一定的磷酸，长期饮用会使磷摄取过多，超出身体代谢能力，从而妨碍钙的吸收。"

小微博士的话让三个小家伙收回了准备拿饮料的手，"那我们还是回家喝水吧。"雨燕率先出声并领着胖胖熊和松仔回了家。狐大哥拿着手里的饮料，挠了挠头，尴尬地对老板说："麻烦您给我退三瓶吧。"小微博士笑了笑说："狐大哥，你也要少喝呀！"

【小微博士有话说】

　　无论在什么时候，白开水的性价比都是最高的。天气热的时候来杯凉白开既健康又经济，既不用担心饮料中过量的糖分，也不必怕喝多了会对健康有影响。不过，很多人觉得凉白开没有味道，这也是很多孩子不愿喝的重要原因，这时不妨在白开水中加点水果、菊花等试试看。

8. 奶茶"真好"喝

最近在美食城堡小学掀起了一场奶茶热潮，这要从几天前说起。

"哎，你们知道吗，在校门口新开了一家奶茶店，便宜又好喝。""我知道，我知道，我昨天晚上刚去买了一杯，可好喝了。""真的吗？我放学也去，我们一起吧。"学校附近新开的奶茶店成了学生们课后讨论的热门话题，这对好吃的胖胖熊来说无疑是一种诱惑。

"松仔，雨燕，我们放学后也去买一杯喝吧。他们说得也太诱人了，我来看看是不是真的有那么好喝。"胖胖熊跑到松仔和雨燕的桌子前兴奋地说着。"好的呀，我们也尝尝看。"雨燕说着。

学校附近的奶茶店聚集着很多学生，五颜六色的奶茶在同学们期待的目光中一杯杯地递到了他们的手上。不一会儿，三个小伙伴也都捧着奶茶喝了起来。"珍珠奶茶可真好喝呀！"雨燕不由得发出感叹。"是的是的，我的哈密瓜奶茶也好喝，我要天天喝这个。"胖胖熊连忙说道。松仔也没有忍住这香甜的诱惑点了点头。

一段时间过后，小微博士看着最近美食城堡里的孩子们好多都胖了起来，发现了不对劲，找来胖胖熊三伙伴打听情况："胖胖熊，最近美食城堡里有什么好吃的吗？我看你们大家都圆润了不少呢。"胖胖熊挠了挠脑袋尴尬地笑了笑说："没有啊，会不会是我们吃太多啦。"还是一旁的松仔看着小微博士一脸严肃，思索了片刻便说道："小微博士，在学校附近新开了一家奶茶店，最近我们经常去买奶茶喝。""是的是的，好喝又便宜呢。"雨燕也说道。

▲ 外面的奶茶真的健康吗？

小微博士发现了问题的严重性，随即就在美食城堡里找到大家并跟他们说了奶茶的危害：

奶茶，正常来说，含有一定量的牛奶。但大部分口感顺滑、奶味十足、令人"上瘾"的奶茶，多含有奶精，即植脂末。奶精以氢化植物油、酪蛋白等为主要原料，含有大量反式脂肪酸。从科学角度讲，长期、过多食用会对人体有害，因为它能改变身体的正常代谢，增加罹患心血管疾病的概率。而且人体所需的糖分是有限的，若是糖摄入量超标，会引起一系列慢性疾病，如糖尿病、心脑血管疾病、肾结石、肥胖及代谢综合征等。

奶茶，顾名思义，也是含有茶类的，茶里的咖啡因会使人过度兴奋。对某些人而言，奶茶中的咖啡因会引起焦虑，导致心悸、失眠等情况的发生。此外，冲泡奶茶的红茶工序也有"猫腻"。许多奶茶店为了降低采购成本，会特意挑选一些年代长久、品质低劣的红茶。

随着奶茶的热卖，一些奶茶店也开发起了新品口味，如哈密瓜奶茶、木瓜奶茶等，有时店家还会在奶茶里加一些五颜六色的果脯、果肉等原料，很受年轻人喜欢。不过，这类水果奶茶所使用的辅助材料并不是真正的水果，而是一种名为"果粉"的原料，而形形色色的果脯、果肉，也是经加工而成的产品，全部添加了色素等成分。人工合成的色素的主要原料是苯胺，具有一定毒性、致泻性和致癌性。超过国家标准添加色素，苯胺原料的潜伏期变长，会对身体造成伤害。此外，即便饮料中使用的色素没有超量，但如果一天之内频繁饮用或同时食用多种含色素的食品，使人体在短时间内的色素摄入量增加，对健康造成危害的风险就会增大。

"那以后就不能喝奶茶了吗？这么好喝的东西喝不到也太可惜了……"胖胖熊抠抠手遗憾地说道。小微博士笑了笑说："你们可以在家自己做啊，安全又健康。"

【小微博士有话说】

　　市面上奶茶店售卖的奶茶品质参差不齐，最健康的做法还是在家自己制作。奶茶的制作方法非常简单，只需要在烧开的茶水中加入牛奶煮沸，并适量加些糖即可。这样做简单方便又卫生，但小朋友们要记住好喝也不要贪杯哦。

9. 嚼嚼更健康，真的是这样吗？

秋日，斑驳的树叶在夕阳的照射下缓缓地落了下来。

叮叮叮，一天的课程结束了，胖胖熊和狐大哥招呼着住在同一小区的松仔和雨燕一起回家。一路上，大家有一搭没一搭地聊着今天学校发生的有趣的事情。胖胖熊突然想起来今天有同学带了便当和大家一起吃，便忍不住提议道："我们明天中午一起带便当到学校吃，你们说好不好，我让妈妈做秋刀鱼。""那我让妈妈做蒜香排骨，可香啦。"松仔兴奋地说道。这一说，可把狐大哥和雨燕馋坏了，大家一致同意了这个提议。

第二天中午，放学铃声刚响起，胖胖熊就忍不住招呼小伙伴们一起吃午餐。胖胖熊率先打开餐盒，秋刀鱼旁的柠檬显得格外醒目。"挤上柠檬汁的秋刀鱼肯定很美味。"狐大哥忍不住咽了咽口水。紧接着松仔打开餐盒，一道焦香的蒜香排骨映入眼帘，大家都快忍不住啦。狐大哥和雨燕分别带了下饭的番茄炒蛋和蒜末茄子。餐盒刚刚摆放好，胖胖熊就迫不及待地夹起蒜香排骨一口咬下去，吱吱爆汁，胖胖熊忍不住地夸赞道："哇，这也太美味了吧，蒜香浓郁，排骨也很容易脱骨，松仔，阿姨的厨艺好棒啊！"狐大哥把柠檬汁挤到秋刀鱼上，夹起一尝，味蕾瞬间被打开了，又忍不住夹起油亮油亮的蒜末茄子，和着米饭一起送入嘴里，真的太下饭了。松仔和雨燕也吃得很香，不一会儿，饭菜被一扫而空，大家都吃得饱饱的。突然，胖胖熊打了个饱嗝，一股蒜香喷涌而出，小伙伴们都被这浓郁的蒜香熏到了。狐大哥像是有准备似的，神秘地说道："这可是我的餐后法宝，特别是这些味道大的食物，保证让你们口气清新，那就是——口香糖。"大家一人一片地打开放入嘴里，"甜甜的，还可以吹泡泡，越嚼越好玩。"胖胖熊开心地说着。松仔嚼完口香糖就哈了一口气，确实没有味道了，大家愉快地结束了午餐，胖胖熊还乐悠悠地嚼着口香糖，吹着泡泡。

过了好几天，雨燕每天都能看到胖胖熊嘴里嚼着口香糖，忍不住问道："胖胖熊，你怎么天天都在嚼口香糖啊？"胖胖熊神气地说道："口香糖甜甜的，还能去口气，我就老是忍不住餐后来一片，有时候课间也想嚼一嚼。"雨燕思考了一番，还是请来了小微博士，向小微博士说明来龙去脉后，小微博士就给大家科普了一下口香糖："目前市面上的口香糖主要有两种，含糖口香糖和木糖醇口香糖。含糖口香糖里的甜味剂大多是蔗糖，能被细菌分解利用产生酸性物质，细菌大量滋生加上酸性物质对牙齿的侵蚀无疑会加速龋齿发生。这么说，木糖醇口香糖里的木糖醇不能被细菌分解利用，那木糖醇口香糖就益处多多，真的是这样吗？

"长时间咀嚼口香糖，会导致面部咬肌处于紧张状态，出现夜间磨牙的症状。磨牙时牙齿强烈地叩击在一起，

▲ 口香糖久嚼无益

又没有食物缓和，容易造成牙齿表面的牙釉质地过分磨损。此外，长时间过多地摄入木糖醇会对肠胃造成刺激和伤害，很容易引发腹部不适、胀气、肠鸣和腹泻等疾患。需要注意的是，使用含汞材料补过牙的人最好不要嚼口香糖。常嚼口香糖会损坏口腔中用于补牙的物质，使其中的汞合金释放出来，造成血液、尿液中的汞含量超标，从而对大脑、中枢神经和肾脏造成危害。"

听了小微博士的介绍，胖胖熊立马拿出纸巾吐掉口中的口香糖，一边摆手一边说："不嚼了，不嚼了！"

 【小微博士有话说】

（1）咀嚼口香糖时间不宜过长，适当嚼口香糖可以让我们在不损害咬肌的前提下清洁口腔。

（2）保护牙齿，从刷牙开始！每天两次，每次三分钟，巴氏刷牙法，你值得拥有！

10. 腐臭豆腐和致癌咸菜的 PK 赛

最近一段时间整个美食城堡都比较安静，没有什么特大新闻。这天，天气晴朗，万里无云。放学了，胖胖熊走在回家的路上，一边哼着老师刚教的小曲儿，一边盘算着今天该吃什么好呢？想着想着他就来到了美食城堡，刚走进城堡就有一股奇怪的气味扑面而来，

▲ "臭气熏天"的臭豆腐

胖胖熊连忙捂住鼻子，嘀咕道："好臭呀，好臭呀，是什么气味呀？"他沿着臭味飘来的方向走去，听到不远处一位狐狸大叔正吆喝着："卖臭豆腐了，卖臭豆腐了，又香又美味，闻起来臭吃起来香的臭豆腐，独家制作哦……"胖胖熊发现围在臭豆腐店门口买臭豆腐的小伙伴还不少，胖胖熊纳闷了："这么臭的东西真的能吃吗？"

可是，看到小伙伴们都吃得津津有味，胖胖熊馋得口水都快流下来了，脚步开始不听使唤地往臭豆腐店门口挪动。这时雨燕刚好路过，臭豆腐店门前热闹的气氛和那强烈的气味引起了她的注意。她压不住好奇心，刚想停下来看个究竟，就看到了拥挤的人群中的胖胖熊。雨燕愈发好奇了，开始向周

围的伙伴询问到底发生了什么。

　　经过一番了解，雨燕知道了原来是最近美食城堡先后开张了两家店，卖的都是城堡以前没有或者很久没卖了的食物。其中一家就是眼前这家"臭气熏天"的臭豆腐店，还有就是对面一家号称是高级咸菜的专卖店。雨燕觉得这突如其来的奇怪店铺不太对劲儿。她决定去找松仔。再说这边馋嘴的胖胖熊，因为身体比较庞大又笨重没挤进去，所以没有买到吃的。他耷拉着脑袋一副不高兴的样子，嘴里嚷道："不吃这陌生又臭臭的玩意儿了。"他刚转身准备回家，却又被对面吆喝的声音吸引住了。胖胖熊发现对面也新开了一家店，"咦，城堡里怎么突然多开了两家店呀，那边肯定也有好吃的。"对面店铺前的顾客也好多，这使胖胖熊更加好奇了。他好不容易才挤进人群，映入眼帘的是各种包装得看起来像烂掉的非绿色蔬菜。旁边的老板却喊道："美味可口的咸菜，拌饭香香，早餐配粥，美味十足。"胖胖熊想着："妈妈和我早餐都最喜欢喝粥，我要买回家，妈妈一定会开心的。"

　　他正准备上前买，却被及时出现的松仔拦住了。胖胖熊不明白，侧着脑袋问道："干吗拦我，我想买咸菜回家，妈妈会开心的。"松仔连忙说："你呀，就知道吃。之前因为乱吃东西吃坏肚子，你忘了，虽然近段时间来，城堡里的美食在不断变得健康与营养，但这突然出现的新食物，城堡以前都没有卖过，我们都不了解它们的来源和组成材料，而且它们都那么奇怪，一个又臭又是油炸的，另一个简直就是馊掉或者烂掉的蔬菜嘛。我们得先了解了解它们，看看是否卫生和健康。我们去请教小微博士吧。"雨燕摸着胖胖熊的头说道："松仔说得对，我们不能随便吃这些来历不明的食物。"胖胖熊只好妥协，决定和大家一起去找小微博士。

　　小微博士得知此事后，开始了小讲堂式的讲解。她告诉大家：臭豆腐是发酵的豆制食品，发酵过程中会产生一些有害化学物质，所以会产生一股臭味。并且臭豆腐也是油炸类食物的一种，其油脂含量高，多吃对健康并无益处，小孩子最好不要吃。咸菜是由放了很多食盐的蔬菜经过很长时间浸泡而成的，如果咸菜没腌透的话，会产生亚硝酸盐。咸菜只能偶尔食用，如果长期贪食，则可能引起泌尿系统结石。另外，咸菜腌制过程中，维生素C被大量破坏，而且咸菜中含有的亚硝酸盐有致癌作用，所以这两种食物都要少吃，小孩子长身体的时候最好不要吃。大家听完都被震住了，松仔说："既然这两种食物都最好不要吃，那么我们得赶紧告诉美食城堡的小伙伴们，这里那么多孩子，大人还不要紧，小孩子可不行呀。"于是大家决定即刻前往美食城堡，可是当他们来到美食城堡却发现根本挤不进去，新开的两家店吸引了不少顾客，他们正买得火热。两家老板大声叫卖着，看那阵势是要比一下谁家销售得更好吧。松仔见此情形，提议大家奔走相告，给城堡里的伙伴们普及一下新学的知识。胖胖熊摸摸头说："我也要参加，我要去告诉小伙伴们。"大家就这样开始想各种办法，尽量转告给城堡里的每一个小伙伴。

 【小微博士有话说】

（1）臭豆腐发酵前期是用毛霉菌种，发酵后期易受其他细菌污染，其中还有致病菌，因此过多食用会引起胃肠道疾病。臭豆腐发酵过程中会产生甲胺、腐胺、色胺等胺类物质及硫化氢，它们具有一股特殊的臭味和很强的挥发性，多吃无益。

（2）咸菜里面有很多致癌的物质，因为咸菜的制作过程要放很多食盐，而且要经过很长时间的浸泡，随之就会产生致癌物质。咸菜没腌透的话，还会产生亚硝酸盐，食用这种物质就会导致癌症，所以为了远离癌症，一定要注意。经常吃咸菜还会导致高血压，咸菜里面食盐很多，因而钠的成分有很多，人体如果摄入过多的钠就会导致高血压，所以不要长期食用咸菜，平时吃饭也不要吃得太咸。经常吃咸菜，还会加速皮肤老化，因为盐里面的钠离子和氯离子会导致面部细胞失水，所以会降低皮肤质量。

11. 皮蛋是坏蛋

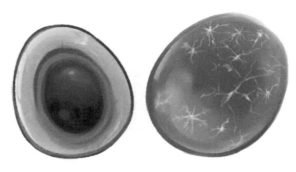

▲ "坏蛋"皮蛋

冬雪初融，寒气未消，美食城堡里的人们就迎来了一年一度的狂欢节——春节。城堡的大街上人来人往，有买年画的，有买年货的，有买玩具的，还有穿上新衣服跑来跑去玩的孩子们，好一派喜庆的景象。

春节是中国传统的节日，是一年中最隆重的日子，而吃团圆饭则是其中最重要的时刻。大年三十晚上，家家户户都要聚在一起吃团圆饭，餐桌上摆满了各种各样的美食。

一大早熊妈妈就出门去采购年货了，胖胖熊可高兴了，一想到过年能吃到好多美味的东西，就开心得不得了，一旁的熊爸爸则在认真地打扫卫生。不久，熊妈妈就买完年货回来了，买了不少，幸亏隔壁的熊大叔帮着扛回来，不然她都拿不回来。熊妈妈连连跟熊大叔道谢，然后就走进厨房开始准备年夜饭了。她每年都要做好多个菜，今年当然也不例外。熊爸爸时不时地进去帮一下熊妈妈，胖胖熊则在客厅看着电视，他只需要乖乖等晚饭就好。

时间过得很快，胖胖熊开始饿了，他开始跑去催妈妈，刚好妈妈已经在准备最后一道菜了，是胖胖熊喜欢的皮蛋。他在一旁叮嘱妈妈多做一点，妈妈说："做多了吃不完，快去准备一下，我们要开饭了。"不一会儿，丰盛的年夜饭便摆满了一桌，胖胖熊一家围坐桌旁，共吃团圆饭，满桌的美味佳肴，满屋的快乐气氛。

过了大年三十，接下来春节的一个重要环节就是拜年。大年初一，美食城堡的小伙伴们就开始拜年了。胖胖熊去了离家不远处的松仔家，然后他又开始犯懒病了，不想走了，说要回去睡懒觉。松仔连忙拦住他，说："大过年的，睡什么觉，我们一起去雨燕家拜年吧。"在松仔的劝阻下，胖胖熊没有回家睡觉而是去了雨燕家。去过雨燕家后，雨燕提议大家一起去给小微博士拜年，小微博士平时帮了大家不少忙，美食城堡的伙伴们都很喜欢她。小伙伴们带了很多礼物，小微博士特别高兴，热情地款待大家。大家一起开心地聊着天，小微博士问大家年夜饭都吃了哪些美食，大家争先恐后地回答着。只有胖胖熊在一旁没精打采，小微博士见状，特地走过来问胖胖熊："胖胖熊，年夜饭吃了啥？"胖胖熊听小微博士问，开始慢吞吞地回答："红烧排骨、年糕、皮蛋……"刚说完，一直在一旁认真听着的雨燕发话了："皮蛋不是好东西，不能吃。"胖胖熊这下来了精神，立马反驳道："皮蛋怎么不好了，怎么就不能吃了？"小微博士见两人这阵势似乎要吵起来，连忙打断说："雨燕说得不是没有道理，可能大家还不是很了解皮蛋，那我就给大家普及一下吧。注意认真听喽，听完我请大家吃点心。"

总的归纳为以下几点，听小微博士娓娓道来。

"第一，蛋白质变质。很多人在平时生活中都非常喜欢吃皮蛋瘦肉粥、凉拌皮蛋，适当的食用的确十分美味，但如果过量食用的话对人体的危害却是非常严重的。很多人都不知道皮蛋也会影响人体健康，专家提醒皮蛋这种食物少吃无妨，却不能过量食用。这是由于皮蛋的腌制过程十分复杂，通常都是用茶叶、石灰泥包裹制成的，因此在制作过程中就难免会使用大量的儿茶酚、鞣酸和氢氧化钠，这些物质会侵入蛋体的蛋白质中，从而导致蛋白质分解、变质，因此腌制成功的皮蛋中不仅营养物质遭到了严重的破坏，同时大量食用还有可能会过量摄取变质的蛋白质，从而导致中毒。

"第二，铅中毒。皮蛋虽然美味，但其中所含有的营养却非常少。除此之外，在皮蛋中还含有大量的铅。如果在平时生活中过量地食用的话，就会导致铅摄取过量出现铅中毒的情况。因此很多人在购买皮蛋的时候都会选择一些无铅皮蛋，然而专家提醒无铅皮蛋同样含铅，只是其中的铅含量比较少而已。因此这种皮蛋成年人适当食用还行，对于儿童还是少吃为好。

"第三，影响智力发育。皮蛋对于儿童是十分不健康的。首先，铅一旦进入儿童体内就很容易存留在肝、肺、肾、脑等组织及红细胞中，长此以往势必导致牙齿及骨骼中钙的流失，因而严重影响儿童的骨骼正常生长及牙齿生长。其次，皮蛋中的铅还有可能导致孩子出现侏儒现象。最后，铅还有可能导致儿童出现发育不良、食欲减退、胃肠炎等病症，严重的话还有可能影响儿童的智力发育。

"第四，食物中毒。很多人都喜欢在炎热的夏季傍晚吃一份凉拌的皮蛋，但是专家提醒，这个时候吃皮蛋稍有不慎就有可能导致食物中毒。还有很多人喜欢在喝啤酒时用皮蛋助兴，研究中发现干净的皮蛋蛋壳上有400~500个细菌，而一些脏的皮蛋蛋壳上更有高达1.4亿~4亿个细菌，这些细菌若大量通过蛋壳的孔隙进入蛋内，食用之后便会导致食物中毒。

"总之，皮蛋利弊并存，根据个人喜好，适当食用为宜。皮蛋不宜存放冰箱，不宜与甲鱼、李子、红糖同食。皮蛋虽然好吃，但存在大量的健康隐患，因此在平时生活中应该少吃些皮蛋，尤其是处于生长发育期间的儿童，更要注意少吃。"

食品中的隐形杀手

——生物性污染

12. 章鱼的八条腿

　　天气炎热，美食城堡的大人小孩都被热得没有胃口。自从熊爸爸与朋友聚餐品尝到芥末八爪鱼后，他的新世界大门瞬间被打开了。他觉得这种海鲜的做法非常美味，与芥末、蒜姜、辣椒、酱油、白酒、醋等材料混合的八爪鱼，既保留了八爪鱼的原汁原味，又使口感更嫩滑，肉质更紧实，而且还冰冰凉凉，很开胃下饭。熊爸爸觉得芥末八爪鱼真的太好吃了，回家后便一直和熊妈妈念叨。在一旁玩耍的胖胖熊听到了熊爸爸的话，觉得很好奇，对于美食，胖胖熊又怎么可能辜负呢，他很想尝一尝，说道："爸爸妈妈，我也想吃！"没料，胖胖熊的请求却遭到了爸爸妈妈的拒绝，"小朋友不可以吃。""为什么呀？不是说很好吃吗？为什么爸爸可以吃我却不可以？"胖胖熊吵着要吃，熊爸爸和熊妈妈一时也说不出拒绝的理由，于是决定求助小微博士，就对胖胖熊说道："我们去找小微博士吧，让小微博士和你解释。"

　　了解胖胖熊一家的拜访原因后，小微博士笑了，说道："八爪鱼是一种海鲜，其中含有蛋白质、脂肪、维生素、矿物质及微量元素等丰富的营养成分。八爪鱼以小虾、贝类等为食，体内可能含有大量细菌和寄生虫。若处理和腌制不合格，会导致寄生虫、细菌滋生，引起胃肠道不适、腹痛、腹泻等消化道症状，甚至引起食物中毒等严重后果，所以一般不建议生吃。

八爪鱼嘌呤含量较高，长期大量食用会引起血液中的尿酸含量升高，诱发痛风、高尿酸血症的发生，建议适量食用。其实不仅是八爪鱼，海产品和淡水鱼虾都是一样的道理。能够引发人体不适的寄生虫、细菌和病毒主要有以下几种。

▲ 八条腿的章鱼

（1）异尖线虫。幼虫寄生在某些海鱼体内，人因食入了含活的异尖线虫幼虫的海鱼而感染。幼虫可寄生于人体消化道各部位，并引起内脏幼虫移行症，出现恶心、呕吐、腹痛、过敏反应等症状，更甚者还可能因为虫体较多堵塞肠道或破坏消化道穿破肠壁。

（2）肝吸虫病。是由肝吸虫华支睾吸虫寄生于人或动物肝胆管系统引起的一种人畜共患食源性寄生虫病。生食海鲜和淡水鱼感染上肝吸虫病，轻度感染者不出现临床症状或无明显临床症状；中度感染时会出现过敏反应和消化道不适，包括腹痛、腹胀、腹泻、食欲缺乏、乏力等；严重感染者可出现肝吸虫卵和虫体堵塞胆管，引起胆管炎、肝硬化，甚至肝、胆管癌。另外，肝吸虫成虫在宿主体内的寄生寿命可长达20~30年。

（3）裂头蚴，又名曼氏迭宫绦虫裂头蚴。裂头蚴进入人体后，可移行并寄居于不同器官，常见部位有眼部、躯干及四肢皮下、口腔颌面部、脑部等，引起眼睑红肿、虫爬感、皮下结节、疼痛，甚至意识障碍、昏迷等致命风险。

（4）霍乱弧菌，会导致急性呕吐、腹泻、排米泔样便，严重时会引起脱水，乃至休克。

（5）副溶血性弧菌，会引起上腹部绞痛或胃痉挛，以脐部阵发性绞痛为特征，还会引起腹泻、呕吐、发热，甚至血压下降、意识障碍。引起的急性肠胃炎占到了食源性疾病的首位，在沿海地区更是高达60%以上。

（6）李斯特菌，其在环境中广泛分布，土壤、江河、动物粪便均能分离出。健康成人个体出现轻微类似流感症状或发热性胃肠炎，新生儿、孕妇、免疫缺陷患者表现呼吸急促、呕吐、发热、抽搐，甚至脑膜炎、败血症、昏迷。

（7）沙门氏菌，中毒症状主要有恶心、呕吐、腹痛、腹泻、头痛和畏寒，还伴有乏力、肌肉酸痛、视觉模糊和躁动不安。

（8）诺如病毒，感染后会导致肠胃炎，出现恶心、呕吐、腹泻、腹痛等症状。

从加工方式来看，在生腌的过程中唯一可能有杀菌杀寄生虫的步骤是酒腌，而实际上酒泡并不能完全起到这一效果，即使用酒精浸泡48小时，肝吸虫囊蚴依然可以存活，更何况用来腌渍的酒浓度并不高，时间可能也只有数小时，存在诸多风险和隐患。而经过腌制的食物含有更多的盐，腌制时间较长的甚至会有亚硝酸盐产生。生腌的营养价值并不优于熟食。因此，食用八爪鱼等海产品或淡水鱼虾时需要清洗干净，并在高温下烹饪，以杀死大部分的细菌和寄生虫，降低感染风险。

 【小微博士有话说】

（1）白酒、醋、芥末、蒜、酱油等调料，都只能起到抑菌效果，不能真正地杀灭病菌和寄生虫。

（2）食用生腌海鲜或河鲜容易引发恶心、呕吐、腹痛、腹泻等症状，儿童、孕妇及中老年人等免疫力低下人群，不建议食用。

（3）如果食用生腌食物后感觉到身体不适，请尽快就医并告诉医生具体进食史，以方便医生尽快确诊病因后进行治疗。

（4）生熟食品的国家标准不一样，对生鲜食品的检验检测更加严格。如果一定要制作或食用生腌食品，需要通过正规渠道购买达标的生鲜食材。

13. 不喝生水——细菌滋生

　　叮铃铃，下课铃声响起。"下节体育课可是有足球比赛，我要跟你一决高下！"胖胖熊嚣张地对狐大哥说。"好啊，胖胖熊，踢足球你可踢不过我，到时你可不要哭哦！""胖胖熊，加油哦，我们期待你的表现。"松仔和雨燕在一旁鼓励地说道。

　　体育课上，胖胖熊雄赳赳地踩着足球，仰着头叉着腰对狐大哥说："我赢定啦！"说着就踢出了脚下的足球，狐大哥也不甘示弱，立马反应过来进行了防守，就这样两人几个回合下来还没有分出胜负，却已经满头大汗，胖胖熊那圆滚滚的身体已经累得快要到极限了，喘了好大一口气，摆摆手说道："不行了，不行了，今天就到这吧，我快累死了……""我也不行了，我们打平手了。"说着两人就一起瘫坐在草坪上。松仔和雨燕在旁边连忙鼓掌，"你们也太厉害了吧，好几个回合下来谁也不让谁，胖胖熊进攻得很有气势，狐大哥防守也很完美，说不定你们俩以后组队就能打遍天下无敌手。"听到松仔这样说，胖胖熊和狐大哥相视一笑击了个掌。

　　胖胖熊和狐大哥满头大汗地往厕所走去，接起水洗去脸上的汗水，胖胖熊顿时感觉很渴，就捧起自来水大口喝了起来，路过的小微博士看到后立马制止了胖胖熊："胖胖熊，你怎么在喝自来水？""我太渴了，又没来得及去买水，就喝两口，应该没事吧？"小微博士耐心地解释不建议直接饮用自来水的原因。

▲ 生水的危害

"第一，水源问题。很多河流的污染物是超标的。这些超标的污染物主要是铁、锰、氨氮、硫酸盐、氟化物、钼等化学和毒理性指标，所以河流的水必须经过一道道去离子、净化处理。

"第二，运输管道问题。水厂输出的自来水要通过很多管道才能输送到每家每户和各个学校。这些管道时间久了难免会滋生青苔和致病细菌，自来水就会在输送过程中形成二次污染。

"第三，水龙头问题。大部分学校和家庭使用的水龙头都是铜合金材质，里面有铅，新的水龙头内铅的表层有一层保护膜，但是时间久了滞留在龙头中的水会将铅的保护膜消磨，那么铅元素溶于水之后就会析出，从而对人体有害。再者就是水龙头时间久了容易生锈，铁锈也会随之进入人体内，从而影响我们的身体健康。

"第四，含氯问题。自来水厂的水都是加氯消毒的，只有加热之后才会分离出去，对人体的伤害才会减少。自来水从源头到我们能喝是需要经过好几道环节的处理，一旦不小心其中一道工序被污染了，就会对我们的身体产生伤害。所以，为了保证我们的身体健康，自来水必须经过煮沸才可以饮用。"

路过的雨燕发出疑问："那为什么用自来水洗过的水果可以吃呢？"

小微博士笑了笑说："洗过的水果上面虽然也残留着一些自来水，但总量很小，加起来可能只有1~2ml，就算这里面有细菌，我们的免疫系统也会把它消灭掉，所以说是没事的。但胖胖熊这是大口大口地喝，那个量可是不一样的。"

胖胖熊挠了挠头说："现在知道了，下次我一定会乖乖喝纯净水的。"

 【 小微博士有话说 】

自来水，如果是烧开的，通常不会对人体产生危害。但如果我们直接喝未经过处理的自来水，人体就会受到伤害，主要表现如腹部不适、加重肝肾负担等。

（1）腹部不适：自来水是经净化、消毒处理后，再经过清水池、储存等环节，通过管网输送至各家各户。虽然经过消毒后其中的大多数微生物已经被消灭，但在输送过程中有机物附着在管壁上，又可为微生物的生存提供有利条件。如果直接喝自来水，可能经口腔直接摄入致病性微生物，而且如果在冬天直接喝凉自来水，易刺激胃肠道，导致腹泻、腹痛等症状发生。

（2）加重肝肾负担：输送自来水的管网、水箱、水龙头滤网生锈，长时间未维护清洗，易导致重金属污染水质。而重金属在肝脏及肾脏进行代谢、吸收，长时间喝自来水，会加重肝肾的负担。

14. 生的海产品，我们不约

世间唯美食与爱不可辜负。夏天到了，又到了油焖大虾、糖醋带鱼、清蒸螃蟹等闪亮登场的时候了，吃货们也蠢蠢欲动。

周末到了，早晨胖胖熊跟着熊妈妈去美食城堡里的超市购物。一进超市，胖胖熊就开始东张西望，不一会儿就跟熊

▲ 生的海鲜

妈妈走散了，熊妈妈专心购物起来也无心管他。一个多小时过去了，熊妈妈把该买的东西都挑好后开始去找胖胖熊。她绕了超市好大一圈，终于在生鲜区找到了胖胖熊，胖胖熊正盯着生鲜柜里的海产品，看得可认真了，以至于都没听到身后不远处妈妈的呼唤声，直到熊妈妈走近用手指敲了一下他的脑袋瓜，他才回头。一看到是妈妈，胖胖熊立刻兴奋起来，嚷着要妈妈买些海产品回家。熊妈妈为难了，因为她不会烧海鲜呀，而且熊爸爸也不会，买回去没人做呀。熊妈妈决定不买，可是胖胖熊坚持要买，嚷嚷着不买就不回家。在胖胖熊的强烈要求下，熊妈妈最终还是买了，她也想

买回家学着做。他们买了螃蟹、大虾还有甲鱼，熊妈妈本不想一次买这么多，可是胖胖熊一定要挑这么多，熊妈妈觉得自己压力可大了，因为要一下子学这么多种海鲜的做法，还真是一件难事。

回家的路上，胖胖熊可开心了，想着今天家里要烧海鲜，他的口水都快止不住了。到家后熊妈妈就开始在厨房里忙活起来，胖胖熊就在一边玩儿。玩着玩着胖胖熊突然想起松仔来，自从上次小微博士教育他要学会分享和感恩后，胖胖熊一直都记着，松仔平时帮了他不少忙，今天他想邀请松仔来家里吃饭，和松仔一起品尝妈妈做的海鲜。于是他跑到厨房告诉妈妈，今天他要邀请松仔来家里吃饭，熊妈妈听后先是有点诧异，然后就笑了，夸胖胖熊长大了，懂事了。胖胖熊有些害羞地说："那我去找松仔了，妈妈你加油，我们回来就开饭哦。"然后扭头跑了。熊妈妈微笑着继续忙手里的活儿。

松仔在胖胖熊的邀请下，来到胖胖熊家。熊妈妈熊爸爸很是欢迎松仔，熊妈妈知道松仔很聪明，这不又开始想向松仔讨教了。熊妈妈厨房里正在清蒸螃蟹，但她自己又看不出来到底熟没熟，于是问松仔有没有经验。松仔看了一下也不是很确定，并解释自己不是很懂烹饪，但是之前在美食城堡参加过一次食品安全宣讲会，说海产品一定要煮熟，不然不能吃。熊妈妈一听被吓到了，她不确定自己刚做的海鲜有没有煮熟，觉得这下子麻烦了，不敢吃，丢掉又很浪费，而且今天午饭就没下饭菜了。还好松仔聪明，告诉熊妈妈其实还有补救的方法，那就是把所有菜再适当煮一下，确保完全熟了再起锅。于是熊妈妈按松仔的说法做了，大家才放心开饭。饭后松仔说自己有很多疑问，他想去请教一下小微博士，胖胖熊也很感兴趣，于是他俩一起前往小微博士家。

小微博士正在给自家的花浇水，老远就听到胖胖熊在叫自己。小微博士请胖胖熊和松仔到家里喝茶，松仔开始问问题："小微博士，为什么海鲜必须保证完全煮熟后才能吃？"小微博士开始详细地解释："第一，现在大海污染比较严重，打捞的海产品中有寄生虫，如果没有经过高温煮熟，无法彻底杀死这些寄生虫，我们食用后会感染寄生虫。第二，海产品很难保证不受细菌污染，进食了被副溶血性弧菌污染的海产品是很危险的，轻者腹痛、腹泻，重者休克昏迷甚至失去生命，而大多数病菌在高温下很容易死亡。第三，生的海产品中含有一种硫胺素酶，会分解破坏食物中的维生素 B_1，如果加热到60℃以上时，硫胺素酶就会失去作用。第四，生的特别是新鲜的海产品中含有组氨酸，易引起人体的过敏反应。第五，一些软体贝类中含有毒素，对人体有很大的毒副作用，会出现腹泻，甚至会刺激人类的神经系统。"

"好了，以上解释了生的海产品为什么不能吃，你们既然来了，并提到了海产品，那我就再给你们普及一些知识吧。生的水生植物也不宜吃，如菱角、荸荠、藕、茭白等，水生植物容易被细菌污染，过多食用生的或者没有煮熟的水生植物，极易引起肠道等消化系统疾病。另外，死的海产品也不宜吃，如死虾、死螃蟹等，因为死掉的大多数海产品会产生组胺，组胺是一种有毒物质，并且随着海产品死亡的时间延长，海鲜体内的组胺积累越来越多，毒气越来越大，即使煮熟了，这种毒素也不易被破坏。最后，最好不要烹食新鲜的河豚，河豚肉质虽然鲜嫩肥美，但其皮、内脏、眼、血液等含大量毒素，尤其在产卵期毒性更大，其毒素不能被盐腌、日晒、烧煮等破坏，食后多数会使人中毒。好了，今天就给你们讲到这儿，讲太多，怕你们记不住。"胖胖熊都快睡着了，不过他虽然没记住不能吃的原因，但是他记住了哪些不能吃，于是和松仔谢过小微博士后就开心地回家了。

【小微博士有话说】

（1）生的海产品不宜吃，原因总结起来有四点：第一，长期生吃海产品会缺乏维生素B1；第二，有感染寄生虫的危险；第三，有感染致病菌的危险，含有毒素易引起中毒；第四，易引起过敏。

（2）生的水生植物不宜吃，容易引起肠道等消化系统疾病。

（3）死的海产品不宜吃，死的海产品产生的组胺有毒。

（4）河豚有毒且毒性大，最好不要吃。

15. 自制酸奶的噱头

最近熊妈妈在网上看到好多关于市场上销售的酸奶的一些弊端。出于食品安全的考虑，熊妈妈在网上购买了自制酸奶机和菌种，打算自己每天自制新鲜的酸奶，给家里人增添营养。

▲ 自制酸奶的隐患

这天早上，熊妈妈在胖胖熊出门前给了他一瓶新鲜出炉的自制酸奶，叮嘱他趁新鲜赶紧喝完。胖胖熊边喝酸奶边向学校走去。上午的课才上了两节，胖胖熊就因为闹肚子已经跑了两趟厕所。同桌狐大哥打趣道："胖胖熊，你不会是故意装作拉肚子而翘课吧？""我才不是故意的，我是真的肚子疼啊，啊……不行了，又来了！"说罢，胖胖熊又捂着肚子往外跑。一旁的松仔见状思索片刻道："胖胖熊可能是吃了不干净的东西拉肚子了，这样可不行，得带他去医院看看。"

　　胖胖熊肚子痛了一早上都快虚脱了，在老师和小伙伴的帮助下来到了医院，并通知了熊妈妈。医生给胖胖熊做了基本检查，随后问熊妈妈："你家孩子早上都吃了什么呀？"熊妈妈仔细想了想说："嗯，除了面包、鸡蛋，也就比以前多喝了一瓶我自己做的酸奶，应该没什么问题吧？""胖胖熊很有可能是因为喝了自制酸奶导致腹泻的。所谓自制酸奶，就是在牛奶中添加乳酸菌，让乳酸菌在适宜温度下大量繁殖，最终将牛奶中的乳糖分解为乳酸，发酵为黏稠的酸奶，再经冷藏后食用。但是普通人在家庭环境中自制酸奶，无法保证严格的无菌条件。即使将牛奶煮沸，把制备酸奶的相关器皿全部在开水中消毒，也还是容易在操作过程中受到其他杂菌的污染，如盛装酸奶的容器没有消毒，或者我们在自制酸奶前手没清洗干净，都可能让酸奶混入其他杂菌，可能出现杂菌污染现象，比如大肠杆菌、金黄色葡萄球菌等，导致出现恶心、呕吐、腹痛、腹泻等症状。"熊妈妈听后恍然大悟，竟是自己做的酸奶导致胖胖熊拉肚子的。

　　小微博士来探望胖胖熊，听松仔他们讲了前因后果，对于自制酸奶也提出了自己的看法：

　　"酸奶虽然营养丰富，但对制作过程中的环境要求和无菌操作要求高，普通人在家庭环境中自制酸奶存在安全隐患，家庭环境下容易受到一些杂菌的污染，如大肠杆菌、金黄色葡萄球菌等，都是常见的条件致病菌，在一定条件下可以引起人和多种动物发生胃肠道或尿道等多种局部组织器官感染。金黄色葡萄球菌食物中毒多以夏、秋两季为多，临床表现主要是呕吐和腹泻，严重的话可导致休克。被污染的食物在室温20~22℃搁置5小时以上，金黄色葡萄球菌就能大量繁殖并产生肠毒素，它的耐热性很强，普通的烹饪过程无法将其完全破坏，摄入1微克（百万分之一克）金黄色葡萄球菌肠毒素就可导致食源性疾病。患者在摄入含有金黄色葡萄球菌肠毒素的食物后30分钟至8小时内，会出现恶心、剧烈呕吐、腹痛、腹泻等急性胃肠炎症状，病程短，大部分患者1~2天即可自行恢复。易感人群为儿童，且年龄越小对金黄色葡萄球菌肠毒素越敏感。"

 【 小微博士有话说 】

　　自制酸奶有风险，建议购买正规厂家生产的酸奶，尽可能仔细查看商品包装上的成分表，最好选择少糖少添加剂的健康酸奶哦！

16. 冰箱里的隐藏"杀手"

　　"叮铃铃，叮铃铃"，下课铃声响了，胖胖熊兴奋地跑出了教室。明天是周末，终于可以睡懒觉了。想到马上就可以回家吃妈妈做的饭菜，胖胖熊心里乐滋滋的，不禁加快了回家的步伐。胖胖熊不一会儿就跑到家了。可是进了屋里，他却没有像往常一样闻到香喷喷的饭菜味，只看到妈妈急匆匆地从屋里走出来，并说道："胖胖熊，今天妈妈没有做饭。桌上有吃的，你先填填肚子，妈妈有事得先出去一趟。"熊妈妈说完就出门去了，留下胖胖熊一个人在原地纳闷："到底是什么事这么急呢，妈妈都不说清楚就走了。"胖胖熊闷闷不乐地吃完桌上的面包，在家看电视等妈妈回来。

　　晚上10点多，爸爸和妈妈终于回来了，胖胖熊忙问道："爸爸妈妈，你们去哪里了，怎么这么晚才回来？"妈妈带着有些疲惫的口气说道："我们去医院了，你姑姑住院了。""啊，姑姑她为什么住院呀？她得了什么病吗？"胖胖熊诧异地问道，因为他的记忆中姑姑身体一直很好。"姑姑怀的小宝宝流产了，所以住进了医院，这些事你还不懂，很晚了，早点睡觉吧。"熊爸爸说道。胖胖熊点点头，心里却似乎若有所思，不知道他在想什么。

　　一大早胖胖熊还没起床就听到熊妈妈对熊爸爸说："快起床了，一会儿还要去医院。"胖胖熊一听睡意立刻全无，并嚷道："妈妈，我也要去医院看姑姑。"熊妈妈说道："那快起床呀。"吃过早饭，胖胖熊跟着爸爸妈妈来到医院，进了病房一眼看到姑姑很虚弱地躺在病床上休息，胖胖熊很听话地站到一旁，静静地听着大人们说话。"医生查出原因了吗？"熊爸爸问道。"医生说是感染李斯特菌导致的，感染的源头是吃了从冰箱里取出来的凉拌黄瓜。胖胖熊他姑姑吃了不少，下午就隐隐感觉肚子痛得厉害。"胖胖熊的姑父回答道。"李斯特菌？这是什么毒物呀？竟然会导致姑姑丢了宝宝。"胖胖熊听到姑父和爸爸的谈话后，脑袋里不禁跳出来一堆疑问，他从来没有听说过李斯特菌。不过姑父和熊爸爸接下来的谈话，并没有解决胖胖熊的疑问，他决定回头去问问松仔。

▲ 冰箱里的"隐形杀手"

　　从医院回来后，胖胖熊没有回家直接来到了松仔家。松仔听胖胖熊讲述了他姑姑的事，感到很可惜，可是他也回答不了胖胖熊的问题，于是他们决定一起去找小微博士。来到小微博士家，小微博士听明白胖胖熊和松仔的来意后说道："李斯特菌是一种不怕冷的食源性致病菌，在5℃的冰箱里仍然可以生长繁殖，它有个外号叫'冰箱里的杀手'，胖胖熊的姑姑就是因为吃了冰箱里的黄瓜，才导致感染了李斯特菌。""李斯特菌毒性这么强吗？"胖胖熊问道。小微博士解释道："对于健康的成年人，李斯特菌感染一般不会导致严重的后果，可出现类似流感的轻微症状，如发热、头痛，偶尔有胃肠道症状，有时甚至携带病菌也不会发病。但对于免疫力低下的老人、有中枢神经系统疾病和心脏疾病的患者、新生儿及孕妈妈来说，李斯特菌的攻击性就特别强，尤其是对孕妈妈和胎儿。孕妈妈感染后，本人的健康不会有太大问题，问题就在当细菌通过血液传给胎儿或分娩时传染给新生儿时，胎儿的病死率高达25%~50%。""这个细菌太可怕了，我们平时应该如何预防李斯特菌感染呢，小微博士？"松仔追问道。小微博士继续说道："李斯特菌主要通过食物感染人类，可寄居在人体肠道中，是最致命的食源性病原体之一，它对各种环境（如低温、高盐、低pH、氧化应激等）的耐受性很强，在4℃以下的环境中，绝大多数的细菌会放慢生长繁殖的速度，但李斯特菌在0~4℃冷藏环境下仍能生长繁殖，在-20℃下也能存活1年！此外，它还有耐干燥、耐高盐环境的能力，在70℃高温下5分钟才能被杀灭，所以预防李斯特菌，日常生活中需要做到以下几点：第一，避免食用高风险食物，包括未消毒的奶制品、生冷沙拉和海鲜、未经加热的熟食等。第二，食物应当加热至熟透。李斯特菌耐寒但不耐热，甚至不需100℃，70℃加热5分钟即被杀灭。第三，蔬菜瓜果切开后尽快密封冷藏，并尽快食用。第四，生食、熟食应当分开储存，处理生食和熟食的刀和砧板等用具避免混用，以防止熟食再次被污染。第五，最好每两周清理冰箱，使用清水擦洗即可，使用酒精擦拭消毒更好。""小微博士，你说得注意点好多哦，我记不住。"胖胖熊皱着眉头说道。"没关系，胖胖熊，这个内容的确有点多，一下子谁都记不清楚，为了让大家都知道如何预防李斯特菌，我们在美食城堡里做一期相关的宣传吧。"松仔说道。小微博士很赞同松仔的想法。松仔和胖胖熊又问了小微博士一些关于做宣传的事情，然后就出发去城堡做宣传了。

 【小微博士有话说】

李斯特菌感染后多数情况可自愈，但它对免疫力差的人造成伤害较大，尤其是对孕妇和胎儿，所以一定要注意彻底煮熟食物，并注意厨房、冰箱等清洁，把感染的风险降到最小。

17. 不舍得丢弃的半个苹果

▲ 不舍得丢弃的半个苹果

晚饭过后吃餐后水果已经成了胖胖熊一家的习惯。熊爸爸坐在沙发上看着电视，对胖胖熊说："宝贝，去拿个苹果，前几天打折我买了一大袋，还没吃完呢。"胖胖熊一听，眼睛发亮，开心地说道："我最喜欢苹果那口感了，咬上一口，脆甜多汁，清香诱人。不行不行，都流口水了。我马上去拿，嘿嘿，一人一个管饱。"很快胖胖熊就拿上来三个苹果，但是在洗苹果的时候发现有一个苹果烂了一个洞。胖胖熊对妈妈说："妈妈，有个苹果烂掉了，我再重新拿一个。"熊妈妈走过来拿起苹果看了一眼说："扔掉好可惜，你看，这半边都是完好的，我们将苹果烂掉的部分全部切掉就可以了，我们要勤俭节约，不能浪费。"

一边吃水果一边看电视，时间总是过得飞快。就在胖胖熊准备去房间睡觉时，熊妈妈突然感觉恶心还肚子疼，熊爸爸和胖胖熊马上将熊妈妈送往医院。

经过一番询问和一通检查，医生很快就发现了问题所在："熊妈妈这是吃了烂苹果导致的急性胃肠炎。食物中所含的细菌在烂苹果中疯狂繁殖，人们在食用此类食物后会肠胃不适，甚至伴有恶心、呕吐、腹泻等症状。烂苹果产生的亚硝酸盐也会导致亚硝酸盐中毒，继而会使皮肤黏膜变灰，还会引起胸闷、心悸、呼吸困难、头痛、头晕等。人们虽然在吃之前已经把腐烂部分去除，但是在苹果发生腐烂的过程中所产生的许多有害物质已经通过水果汁液向未腐烂部位渗透扩散，导致未腐烂部分也含有有害物质。所以，部分已经腐烂的水果，就算我们将霉变的部分除去了也是不能吃的。虽然说勤俭节约是中华传统美德，但想想为了不浪费一个烂苹果而搭上自己的健康，那就得不偿失了。"

听了医生的一番话，熊妈妈羞愧地低下了头。熊爸爸说："原来烂苹果危害那么大！经过此次教训，买回家的水果我们一定趁新鲜吃。真正的不浪费是吃多少买多少，而不是吃烂苹果。""对的！"熊妈妈和胖胖熊异口同声地应道。

【 小微博士有话说 】

（1）新鲜的苹果营养价值极高，富含丰富的维生素、膳食纤维、果胶、矿物质元素等营养成分，但长期存放的话营养物质就会流失，而且容易腐烂变质，所以水果一定要趁新鲜吃！

（2）误食烂苹果后的不良反应发生时间与身体状况和所食腐烂部分的数量有关。误食烂苹果的腐败变质部分，可能会因为过度繁殖的真菌和细菌使得胃肠道菌群紊乱，产生的毒素可能会引起恶心、呕吐、发热、腹泻等急性胃肠炎症状，严重的呕吐和腹泻还可能会导致脱水，甚至出现感染性休克。此外，烂苹果发酵腐烂产生大量亚硝酸盐，如果摄入过多可能会引起亚硝酸盐中毒。

（3）如果误食了烂苹果出现恶心、呕吐等食物中毒症状时，需要及时就医。

（4）苹果局部发生腐败变质就会产生并积累很多真菌毒素，并且这些毒素会不同程度地存在于腐烂部位的周围组织中。展青霉素是霉烂苹果上主要的污染毒素，首先在霉烂苹果和苹果汁中发现。中国预防医学科学院的调查显示，发生霉变苹果的其他外观正常部位的展青霉素含量是霉变部分的10%~50%，在腐烂斑点周围1厘米处都可以检测出展青霉素，所以即使外表看上去仍旧正常的果肉其实已经含有大量的有害物质，对人体的危害很大。这些毒素会导致神经、呼吸和泌尿等系统的损害，使患者产生神经麻痹、肺水肿、肾衰竭等症状。

（5）如苹果略有小斑或少量虫蛀，应用刀挖去腐烂虫蛀处及其周围超过1厘米处的好果部分；如霉变腐烂或虫蛀面积达到或超过水果的1/3，应果断弃之，以防后患。此外，建议定期检查和清理存放苹果的地方，检查苹果是否有明显的霉迹，如发黑、有白色霉斑等，应及时处理不宜食用的苹果。同时，为了保持食品安全，应该注意食品的储存和保鲜，避免食品受到霉菌的污染。

18. 发苦的坚果不要吃

　　"十五的月亮十六圆。"又到了一年一度的中秋节，美食城堡的商铺里摆满了各色各样的月饼和琳琅满目的零食。今年的中秋节，胖胖熊准备邀请城堡里的小伙伴们到家里一起过。一大早他就和爸爸上街购物去了。来到街上，胖胖熊挑了一些月饼，还买了很多他最爱吃的零食，有坚果、面包、薯片等。熊爸爸一向热情好客，挑了各种各样的美食。胖胖熊和熊爸爸满载而归，静待小伙伴们的到来。

　　下午，小伙伴们陆续来到胖胖熊家。小微博士也来了。等都到齐了，大家围坐在一起，一边享受美食，一边互相分享着最近身边发生的趣事，欢声笑语不断。突然胖胖熊"呸"的一声，把咬了一半的坚果吐了一地，一边咂着舌头说："啊，好苦……"小微博士见状，让胖胖熊马上去漱口，然后表扬他："胖胖熊，你做得对，吃到苦的坚果一定要吐出来。大

▲ 霉变的坚果

家以后如果吃到苦的坚果一定要吐出来，而且一定要漱漱口。"漱完口的胖胖熊惊讶地看着小微博士点点头。小微博士接着说道："大家以后要注意，坚果发苦就说明它已经发生了霉变，很可能产生1类致癌物——黄曲霉毒素！不能再吃了。"

"啊，致癌？"

"没想到吃一个坚果可能会导致这么严重的后果，以后都不敢吃坚果了！"

"也许我们以前可能吃过发苦的坚果没有吐，那现在怎么办呀？"

果然，人人谈癌色变。场面一下子变得沸腾起来，你一言我一语，议论纷纷，整个聚会充满了紧张的气氛。"大家先安静下来听我说，事情并不是你们想得那样，我们不能人云亦云，听我慢慢道来好吗？"是小微博士的声音。大家终于慢慢安静了下来。"首先大家要明白，不是所有的坚果都有黄曲霉毒素，坚果它本是营养界公认的健康食品，不仅营养丰富，还可以降低多种疾病的发病风险，所以大家适量吃是完全没有问题的，但是当我们遇到发苦的坚果，就千万不能吃。"

小微博士停下来，喝了一口水，继续讲道："坚果霉变后，可能会产生很多霉菌，霉菌产生的多种毒素中，最强悍、最危险的要数黄曲霉毒素，短期大量摄入黄曲霉毒素会引发急性中毒，引发肝脏损害，长期摄入则可能诱发肝炎、肝硬化、肝坏死等，甚至可能致癌。而且特别需要注意的是，黄曲霉毒素具有耐热的特点，一般的烹调温度很难破坏它。所以一旦发现发苦霉变的坚果，直接扔掉，不能加热再拿来食用。我们也可以采取一些方法来避免吃到发苦霉变的坚果。首先，在选购坚果的时候，要选择正规场所，购买正规企业生产的产品，避免购买过期食品；尽量购买密封包装的坚果，并选择合适大小的包装，按需购买。其次，购买散装坚果时，要注意坚果外形和果肉形态，挑选果实饱满、颗粒均匀、无霉斑、无虫蛀痕迹的坚果。买回来的坚果要密封储存并置于阴凉干燥处，避免受潮，最好现吃现买，开袋后应尽快食用。最后，不食用霉变坚果，食用之前，如发现坚果表面有丝状、绒毛状物质，或较为明显的霉斑，请不要食用。咀嚼时，发现有苦味、霉味或辛辣味，尽快吐出来并及时漱口。""没想到一个发霉的坚果，里面竟然有这么多的学问，果然还是应该多学习！"狐大哥感叹道，他似乎对自己平日里无所事事的习惯有些后悔。大家听了小微博士的一席话，也纷纷表示原来吃坚果有这么多的讲究，以后要注意了。

 【小微博士有话说】

　　食物发霉后，哪怕去掉发霉的部分，仍然不能食用，因为肉眼不可见的毒素很可能已经发生扩散。我们平常看到的霉斑，其实是霉菌大量繁殖后产生的霉菌菌落，而霉变食物的未发霉部位，往往有肉眼不可见的霉菌和霉菌毒素。因此，食物一旦发霉要及时丢掉，千万不要有侥幸心理，当心引起食物中毒。坚果，尤其如此。

19. 隔夜冰西瓜到底能不能吃

　　夏日炎炎，到了西瓜大量上市的时节，一个大伯拉着一大车的西瓜停在了美食城堡里，车上喇叭播放着叫卖录音："西瓜便宜喽，1.5元一斤，一次购买3个以上，1元一斤。"一时间引来好多围观的人。熊妈妈看到后，立即就买了5个西瓜，想着家里人多，没几天就会吃完，这炎热的天气，吃冰镇西瓜最解暑了。回家后，熊妈妈就先把一个西瓜放进冰箱，冷藏起来，准备等胖胖熊回家吃。

　　胖胖熊放学回家后就把书包丢在沙发上，懒洋洋地说："妈妈，我回来了，今天天气好热，如果能吃一口冰镇西瓜就美极了。"熊妈妈说："这不是巧了吗，妈妈刚好买了几个大西瓜，回来后就把一个西瓜放在了冰箱里，现在吃刚刚好。"一边说着，一边从冰箱拿出下午冰镇的西瓜，清洗菜刀和西瓜表皮后，就将西瓜切成小块，放在水果盘中，端来给胖胖熊吃。胖胖熊立马开心地拿起西瓜吃了起来，不一会胖胖熊肚子就被吃得圆鼓鼓的了。熊妈妈说："慢慢吃，没人跟你抢，厨房还有一大半西瓜呢。"胖胖熊摸了摸圆鼓鼓的肚子说："妈妈，我肚子太胀了，吃不下去了，剩下的留给爸爸吃吧！"熊妈妈说："你爸爸刚刚打电话来说，有事出差，这几天不回家了。妈妈吃吧，吃不下放冰箱，明天还可以继续吃。"结果，熊妈妈虽然很尽力吃，却也还剩了一半西瓜。于是，熊妈妈就将西瓜包上保鲜膜放进了冰箱。

　　第二天，松仔和雨燕来找胖胖熊玩，三人在烈日下玩得不亦乐乎，最终精疲力竭地回到胖胖熊家中休息。熊妈妈看三人玩得又累又渴，就将昨晚放在冰箱里的西瓜拿出来，切好端到三人面前说："快来吃点冰西瓜吧，这个天气吃最解暑了。你们先把这些昨天切开的西瓜吃完，不够的话我再切一个新的西瓜，也是冰过的。"雨燕说："熊妈妈，那这是切开的隔夜冰西瓜吧？"熊妈妈说："是的，有什么问题吗？"雨燕说："我前几天看新闻，有人吃隔夜的冰西瓜得了急性肠胃炎住院了，我就不吃了。"松仔说："我也看过这个新闻，不过我之前也吃过隔夜的冰西瓜，没什么事，不如我们问一下小微博士是什么原因吧。"

　　接着松仔便拨通了小微博士的电话，向小微博士咨询隔夜冰西瓜到底能不能吃。小微博士听完来龙去脉后说："隔夜冰西瓜到底能不能吃的关键在于是否有致病菌，这与我们的保存方法有关系。西瓜是生长在地上的，与土壤直接接触，瓜皮上可能带有大肠杆菌、李斯特菌或沙门氏菌等致病菌。这些致病菌只是在瓜皮上，而我们吃的是瓜瓤，理论上也不用担心。但问题是切瓜时，刀接触到瓜皮上的细菌，切完瓜皮切瓜瓤，那瓜瓤也就跟着被污染了。另外，切瓜的刀、砧板、切瓜人的手、吃瓜人的手等，如果不清洁，也会污染瓜瓤。被污染的瓜瓤，假如继续在5~60℃的环境下放置，那致病菌就可以大量繁殖，哪怕不隔夜，只要短短一两个小时后，就可能不适合吃了。研究表明，如果使用干净的刀具、砧板切瓜，且及时用干净的保鲜膜包裹并放入冰箱，就不容易有致病菌，即使隔夜也能吃。冰箱的低温环境虽然能抑制大部分的细菌生长，但还有一部分菌在低温环境下容易生长繁殖，如耶尔森菌，喜欢在生肉上安家；李斯特菌，在熟肉、奶酪、没喝完的牛奶中都能见到。若不幸感染了李斯特菌，免疫力正常的人会出现腹泻，免疫力较弱的人，甚至可能出现脑膜炎、败血症等严重并发症。"几人听完小微博士的讲解并对小微博士表示感谢后，就挂断了电话。熊妈妈则对雨燕说："雨燕，你放心吃好了，昨晚我都是用干净的菜刀切的西瓜，没吃完的部分也及时包上保鲜膜放冰箱了，应该没什么问题。"雨燕礼貌地说："谢谢熊妈妈。"胖胖熊、松仔、雨燕三人则安心地吃完了这隔夜冰西瓜。

▲ 隔夜的冰西瓜

【小微博士有话说】

（1）切瓜的砧板、刀等一切可能接触到瓜的器具和桌台面，均保证清洁卫生。不要用切完生肉、海鲜的砧板或刀来切瓜果，最好是有切蔬菜水果专用的砧板和刀。

（2）切开没吃完的西瓜，一定要用保鲜膜包裹，以防变干或被污染变质；建议保存放在2~4℃冰箱里，尽早食用，不要超过24小时。

（3）不让冰箱成为细菌的"天堂"，建议将冷藏室进行分区，生、熟食物分开存放。定期清洁冰箱，防止细菌滋生。

20. 三明治夹带的隐形杀手

转眼开学已经两个多月了，天气逐渐转凉，胖胖熊赖床的坏习惯也是肉眼可见得愈演愈烈。尤其是每周一早上，胖胖熊需要熊妈妈三催四请才不情不愿地起床。

这天早上，胖胖熊依旧是在熊妈妈的催促声中离开温暖的被窝。但是胖胖熊已经没有时间慢悠悠地在家中吃早饭了，他从餐桌上拿了个三明治就急急忙忙去赶校车。

胖胖熊一到座位上就开始吃手里的三明治。邻座的松仔见状道："胖胖熊，你是不是又赖床了，早饭都没好好吃？""对呀对呀，天冷了，起不来嘛！"胖胖熊含糊道。松仔推了推鼻梁上的眼镜道："早饭还是要在家里好好吃的，这种买来的方便食物还是少吃点吧，万一不干净呢。"胖胖熊忙摆手："不会的，不会的，我妈昨天上午才买的。"就这样，胖胖熊的早饭就这么匆匆忙忙地吃完了，他也压根没把松仔的话放在心上。

早上的第一节课后，胖胖熊感觉肚子很不舒服，胃里一阵翻江倒海，他来不及去厕所就"哇"的一声吐了出来，吐了一地。前后桌的同学见状连忙跑出去喊老师的喊老师，铲沙子的铲沙子，把呕吐物覆盖住。不一会儿，老师过来询问胖胖熊感觉如何。胖胖熊漱了漱口说："老师，我还是感觉想吐，恶心，肚子也有点疼。哎哟，不行，我又想吐了！"话没说完，胖胖熊急忙跑向垃圾桶，又是一阵呕吐，把一早吃的东西都吐完了还想吐……此情此景刚好被路过的雨燕瞧见了，她忙不迭地告诉了松仔。松仔闻讯赶来，说道："胖胖熊，你这样下去不行，我们带你去医院吧。你会不会就是早上吃的三明治不干净呢？"

　　胖胖熊吐了这么几次已经说不出话来了，只能点点头，采纳了松仔去医院的建议。老师和小伙伴一起把胖胖熊送到了医院。护士先给胖胖熊测了个体温，38℃。医生又给他做了体格检查，详细地询问了前后经过，并做了些基本检验。最后，医生说："胖胖熊这个情况很可能是吃的三明治不干净，感染了细菌导致了他现在呕吐、发热、腹痛等不适。""但是医生，我的三明治不是自制的呀，不应该不干净吧？"胖胖熊疑惑道。医生说："不一定哦，你看三明治用的生菜，如果没有清洗干净就会有细菌残留，然后经过繁殖，大

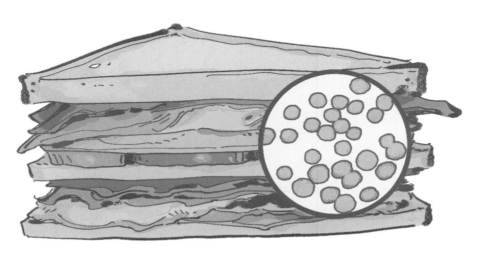

▲ 被污染的三明治

量进入你的胃肠道，就会引起各种不适的。买回来的三明治如果没有及时放进冰箱或当天吃完，也会有大量细菌繁殖，我们吃了之后就会出现各种不舒服。""原来如此！"几个小伙伴恍然大悟。随后，医生给胖胖熊开了些口服药，叮嘱他好好吃药，好好吃饭，早日恢复健康。胖胖熊连连点头，表示以后一定好好吃饭，不吃生食。

小微博士得知胖胖熊的经历后说："处理后未煮熟的食物，如肉片、布丁、糕点和三明治，常常含有金黄色葡萄球菌，它是造成食物中毒的常见致病菌之一。患者在接触金黄色葡萄球菌后的30分钟至8小时开始出现恶心、呕吐、胃痉挛等症状，大多数人还伴有腹泻。该菌广泛分布于空气、土壤、水及其他环境中，在人类和动物的皮肤及与外界相通的腔道中也存在此菌。金黄色葡萄球菌造成的食物中毒并不是它本身在'作恶'，而是由其分泌的肠毒素造成的。这些肠毒素会引起恶心、呕吐、胃痉挛、腹泻，有时还伴有低热，严重时还会出现头疼、虚脱和低血压等症状。这种中毒是急性的，大多数症状并不严重，在两三天内会恢复健康，但是对于婴儿、老人及患严重疾病的人则是致命的。"

 【小微博士有话说】

我们可通过以下途径来预防：

（1）减少食物中金黄色葡萄球菌的初始量：严格把控原料和配料的品质，积极做好食物生产各个环节的卫生清洁。

（2）有效监控食品从业人员的个人卫生：对食品从业人员要有严格要求，

患有呼吸道疾病、急性面部痤疮、皮疹、脓肿和手部创伤的人不能从事食品加工。

（3）确保食物处于低温状态：最主要的有效措施是将加工后的产品和即食食品迅速冷却至5℃以下，最好是使食物内部温度在1小时内达到冷藏温度。

21. 爱"洗澡"的草莓

▲ 爱洗澡的草莓

这一天美食城堡小学组织同学们进行课外联谊，去郊区呦呦草莓园摘草莓，让小朋友们体验采摘的乐趣。

胖胖熊、松仔、雨燕三个好朋友来到了呦呦草莓园的一个种植棚内，一个个红彤彤的草莓结在一排排草莓植株上面，看得大家直流口水。胖胖熊一看这番景象还没等带队的老师说话就直接溜进去摘了颗大草莓吞进了肚子里面。松仔看见了，立马将胖胖熊喊回来聆听带队老师的讲话。带队老师看到大伙都齐了，开始说道："我们进去之后要尊重草莓园主人的劳动成果，不要乱踩乱踏，另外摘下来的草莓要洗净后才能吃。"老师讲完话以后，同学们就都拿着小篮子进棚内摘草莓。三个小伙伴成一列进入棚内，胖胖熊排在第一个，将一个个又大又红的草莓放入自己的篮子，不一会儿篮子就满了。看着眼前的草莓，胖胖熊心想："这些草莓挂在草莓株上，没有掉地上，肯定都很干净，而且我刚才吃了一个并没有不好的感觉，老师一定是小题大做，我偷吃就好啦！"于是乎，胖胖熊趁松仔和雨燕不注意，一边吃一边摘。松仔和雨燕也是第一次见到这么多草莓，注意力一直在怎样采到又大又好的草莓上，对胖胖熊也没怎么注意。

大概一个小时以后，同学们陆续带着自己摘的草莓出来了，洗过后就在休息区开始吃自己采的草莓。胖胖熊已经在大棚内吃了很多，不过他还是将自己带出来的草莓洗净之后和松仔、雨燕他们一起吃了起来。可是没一会儿，胖胖熊的肚子就开始痛了，松仔和雨燕见到这种情况就向带队老师汇报。带队老师将胖胖熊送到医院。医生询问并检查后说："胖胖熊这种情况是由于食用大量未清洗的草莓引起的，具体情况你们可以去问一下小微博士。"

松仔和雨燕迅速找到了小微博士。小微博士得知情况后就跟他们讲："草莓是低矮的草本植物，虽然是在地膜中培育生长，在生长过程中还是容易受到泥土和细菌的污染，所以草莓入口前一定要把好清洗关。因此，吃草莓之前一定要清洗干净，或放在盐水中浸泡5分钟，以防不洁食用引起腹泻。"松仔深深地点点头，表示赞同，然后回到医院，把小微博士的话告诉了胖胖熊，说："看你以后还敢不敢这么吃。"胖胖熊说："不会啦，我一定管住自己的嘴，哈哈！"

 【小微博士有话说】

不论是任何水果，在吃之前一定要洗干净，以免发生腹泻。

22. 开口小椰子

这天，放学的胖胖熊开心地扬着手上的成绩单跑回了家。"妈妈，妈妈，我这次考了一百分耶！我们可以去逛超市，买好多好吃的啦！"熊妈妈笑了笑说："胖胖熊这么厉害呀，妈妈答应你的，我一定不食言。那我们吃好晚饭再一起去逛超市好吗？"胖胖熊高兴地点了点头便跑去找熊爸爸。

"我要这个，我要这个，这个也要！"熊爸爸和熊妈妈带着胖胖熊在超市逛着，琳琅满目的货架让胖胖熊挑花了眼。路过水果区的时候，胖胖熊看见了一个个圆滚滚的椰子陈列得跟个小山一样。"妈妈，这个是什么呀？我想买一个可以吗？"胖胖熊好奇地问道。"好！椰子是一种热带水果，里面的椰子汁可清甜了，刚好现在天气热可以给你买个尝尝。"熊妈妈摸了摸胖胖熊探到椰子前的小脑袋。

好奇的胖胖熊伸出自己的小手点了点椰子问道："妈妈，这个好硬啊，这要怎么吃呀？""那边的冰箱里有开好口的椰子，我们去买那个吧，方便又好喝。"熊爸爸指了指前面冰箱里已经开口的椰子。

这时熊妈妈也刚好看见了出门逛超市的小微博士。"晚上好呀，小微博士！"熊妈妈打招呼道。"晚上好呀，熊妈妈、熊爸爸、胖胖熊，我刚刚听见你们要买椰子是吗？那你们千万别买这种开口的椰子！"

"为什么呀？"胖胖熊一家好奇地望着小微博士。

小微博士笑了笑，缓缓地解释道："不要急，且听我慢慢讲来。"

"椰子水在加工处理的过程中可能会被一些致病菌污染，如椰毒假单胞菌，这些菌会在存放过程中大量生长繁殖，甚至释放毒素从而导致食物中毒。"

"而变质的椰子中甘蔗生节菱孢菌会产生3-硝基丙酸，这种物质具有剧毒，即便是少量，也可能引发中毒反应，产生头晕、呕吐、抽搐、昏迷等一系列症状。"

"当然，作为一种鲜食的水果，与其他水果一样，在预处理过程中椰子也可能受到沙门氏菌、大肠杆菌等常见的肠道致病菌的污染，常导致腹泻。"小微博士为胖胖熊一家科普道。

"小微博士，那椰子水我还能喝吗？"胖胖熊沮丧地问道。"当然可以啦，椰子水可是夏日解暑最佳饮品哟！椰子外面的壳可是抵御细菌的最佳武器呢，所以你们只要不买预开口的椰子就好啦！"小微博士对馋嘴的胖胖熊点了点头。

▲ 椰子水真好喝

 【小微博士有话说】

我们要如何分辨椰子的好坏呢？

（1）摇一摇：摇摇椰子是否有水声，如果有很明显的水声，说明椰子里的水少了，可能存放时间过久了。

（2）看一看：看椰子壳是否发黑，椰汁是否浑浊，椰子肉是否变色。如果椰子壳出现发黑浑浊，椰肉变色，那很大可能是变质喽！

（3）闻一闻：新鲜的椰子水可是很清甜，并带有果香；如果有酸味的话可就变质了，千万不能喝了。

23. 溏心蛋里隐藏的危险

这是一个风和日丽、秋高气爽的周日，熊爸爸和熊妈妈决定带胖胖熊去吃他心心念念的牛排。

点餐的时候，胖胖熊对熊妈妈说："妈妈，我要加一个溏心蛋！"熊妈妈问道："你为什么喜欢吃溏心蛋呀？"胖胖熊回答道："因为蛋黄会像流沙一样入口即化，我喜欢这种沙沙的口感！"见此，熊妈妈就给胖胖熊多点了一个溏心蛋。胖胖熊终于吃到了美味的牛排和溏心蛋。

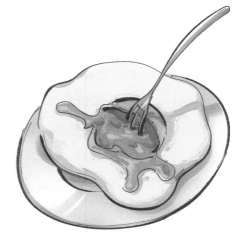

▲ 隐藏危险的溏心蛋

吃完牛排的胖胖熊一家回到家，刚好遇到来找胖胖熊玩耍的松仔，俩小伙伴就在院子里玩耍，而熊妈妈和熊爸爸则回屋忙着打扫卫生，准备晚饭。

次日早上，熊妈妈见胖胖熊还没起床出来吃早饭，就去房间里喊胖胖熊起床，胖胖熊有气无力道："妈妈，我不舒服，想吐，肚子也疼，都拉肚子好几次了。"熊妈妈见状赶紧把胖胖熊送去医院。

经过一系列的检查和询问，医生发现了问题所在，原来是因为周日中午胖胖熊吃了溏心蛋导致的。"溏心蛋虽然口感沙绵，细腻嫩滑，但是溏心蛋是由未充分熟化的鸡蛋做成的，可能会携带细菌。胖胖熊这次生病很大可能就是因为吃了溏心蛋引起的。作为家长，这种未完全熟化的食物尽量不要给孩子吃，不能由着他。"听了医生的一番话，熊妈妈和熊爸爸懊悔不已，心里暗暗发誓不能再任由胖胖熊吃半熟的食物。

配了药，胖胖熊和爸爸妈妈往家走。路上他们遇到小微博士，小微博士看胖胖熊一副病恹恹的样子，听熊爸爸说了前因后果，给大家普及道：

"鸡蛋上有许多肉眼看不见的气孔，虽然苍蝇飞不进，但是对微生物而言就是'大开城门'。鸡蛋和蛋制品中的主要细菌是沙门氏菌，沙门氏菌会引起腹痛腹泻、恶心呕吐、发热等症状。沙门菌感染主要分为垂直传播和水平传播两种。垂直传播通常指在鸡蛋形成之前。沙门氏菌通过感染母鸡的生殖系统，让鸡蛋在发育成熟过程中就感染上了沙门氏菌。水平传播则是通过被沙门氏菌污染的饲料、饮水、垫料等传播；当然，还有环境污染，可直接附着于蛋壳表面，储藏运输卫生条件差，接触人员携带沙门氏菌造成鸡蛋的污染。

"沙门氏菌的最适繁殖温度为35~37℃，在20℃以上即能大量繁殖，因此及时低温储存食品是一项重要预防措施。另外，沙门氏菌不分解蛋白质，食物被其污染后表面看起来似乎并没有变化，让人难以分辨。沙门氏菌不耐高温，食物的中心温度达70℃以上，持续5分钟，一般都可杀死包括沙门氏菌等常见食源性病菌。如果达到100℃，沙门氏菌可立即被杀灭。家庭中一般的热处理烹饪方式都可有效杀灭沙门氏菌，所以我们尽量要吃全熟的食物哦。"

【小微博士有话说】

（1）沙门氏菌仍是近年来导致食源性疾病的最主要病原体之一，与空肠弯曲菌、致病性大肠杆菌同为前三位的食源性致病细菌。沙门氏菌中毒会引发腹泻腹痛、恶心呕吐、发热等健康问题。

（2）预防食源性疾病，应当遵循世界卫生组织推荐的"食品安全五要点"：保持清洁、生熟分开、烧熟煮透、在安全的温度下保存食物、使用安全的水和食物原料。

食品中的化学炸弹

——化学性污染

24. 奔跑吧，外卖君

　　临近饭点，美食城堡里就会出现一个特别的服务群体。他们着装统一，不管天气好坏，都奔跑在大街小巷；他们是外卖配送员，人们眼中的"美食飞行家"。

　　随着生活节奏的不断加快，外卖行业风生水起。因为外卖省时省力，手指一动一切就都解决了；加上食品种类繁多，可以迎合不同人的口味，备受上班族的青睐。

　　今天，熊妈妈照例给胖胖熊订了各种外卖后，就匆匆地上班了。"叮咚，叮咚！"很快外卖就如约送达。胖胖熊按捺不住一颗吃货的心，迫不及待地全部打开，"哇！糖醋里脊、酸辣土豆丝、芹菜肉丸汤……都是些我爱吃的呢！"胖胖熊决定和小伙伴们一起享用，可绝不能辜负了这一桌的美味。

　　外卖盒里色泽红亮的糖醋里脊实在是诱人，最先到达的雨燕立马夹起一块往嘴里送。"嗯~"都来不及更完整地评价，她便夹起了第二块。可是，当雨燕又一口下去，再细细回味起来时，她感觉到酸甜之中隐约还夹杂着一股塑料味儿。"哎？难道这只是偶然的味觉感知失误吗？"雨燕决定一探究竟。她起身去厨房倒了杯白开水，在一番认真地漱口之后，雨燕分别尝试了酸辣土豆丝、芹菜肉丸汤等其他几道菜。这一圈儿地试吃下来，她终于解开了疑惑，问题就出在外卖身上。

雨燕发现，每份外卖里几乎都透着一股塑料味儿，或轻或重；并且，在那份现在仍是温热状态的汤里味道更为明显。雨燕皱了皱眉头，正想要告诉胖胖熊。就在此时，门"吱嘎"的一声被推开了，原来是小微博士来了。

▲ 吃完的外卖

小微博士看到餐桌被各种形状的外卖盒子满满地霸占着。"胖胖熊，这就是你电话里的绝世美食？"她诧异地问。胖胖熊一边热情地拉着小微博士坐下，一边自信地答道："味道可棒啦！我都连续吃外卖好久了呢。"

听他这么一说，小微博士突然有些明白，为什么胖胖熊会无缘由地闹肚子了。大部分外卖商家为了利益最大化，通常租的都是小店铺，甚至有些就在公厕或垃圾场旁，环境卫生很难达标；再者，所选用的食材也很难保证新鲜与否；而商家为了提升口感，都喜欢用"多油、多调料"的绝招，来掩饰一些食材本身的味道。因此，长期饮食这种外卖极易引起身体的不适。

"是的。虽然味道确实还不错，但大多外卖都明显偏油腻，而且还有一股塑料味。"雨燕十分赞同小微博士的话。

"塑料味应该是外卖餐盒导致的。"小微博士解释道，"目前市面上的塑料餐盒都有分级来规定耐热"。

合格的塑料制品底部会有一个三角形符号，表示"可回收再利用"；三角形内的阿拉伯数字有"1~7"，分别代表着一种塑料材质，主要是方便了解其使用条件。其中，标有"5"的重复利用标识，说明它的主要制作材料为PP（聚丙烯），这种塑料容器透气性好、耐热温度高、抗多种有机溶剂和酸碱腐蚀，而且机械性质强韧，多用于制作微波炉餐盒、奶瓶等容器。而标有"6"的重复利用标识，表明它的主体材料为PS（聚苯乙烯），常见于碗装泡面盒、快餐盒等，这种材料制作的容器不耐高热，也不能用来盛放过酸或过碱的物质，因为会分解出有害的聚苯乙烯。所以最好选用PP材料的餐盒，这种外卖也是唯一可放进微波炉加热食用的。

但这些餐盒的价格通常不便宜，外卖商家为了降低成本，普遍使用聚氯乙烯（PCV）、聚酯及聚碳酸酯（PC）、泡沫塑料盒，甚至是再生塑料等劣质餐盒来打包食物。

最后，胖胖熊一脸失望地感慨："再也不敢吃外卖了。"因为他和雨燕翻看了餐桌上的所有外卖盒子，竟发现没有一个餐盒是合格的。

【小微博士有话说】

纯净的PP材质餐盒是十分安全的，但在实际生产过程中，它很有可能被掺杂了其他有害物质，仅凭标识还不能有效地鉴别。因此，小微博士支了几招鉴别"黑餐盒"的方法：

（1）看。首先看餐盒上是否有"QS"标志及编号，再看餐盒的表面是否光洁无杂质。一般来说，颜色越深、越鲜艳的餐盒越不安全。

（2）摸。使用再生塑料或大量添加工业级碳酸钙、滑石粉生产出来的餐盒，强度一般都很差，轻轻一撕就破。

（3）闻。"黑餐盒"会有一股异味，而合格餐盒往往没有。

此外，小微博士友情提醒：外卖虽然便利，但长期食用容易导致营养不均衡，高油高脂的饮食也易引发身体多种疾病；而且，一次性的外卖盒子会造成环境的破坏与污染。因此，小微博士呼吁大家，少点外卖勤动腿，均衡饮食多运动，身体才会健康。

25. 虫眼儿 + 果蔬 = 绿色？

近日，雨燕发现美食城堡的居民们风气大变——对带虫眼儿的果蔬情有独钟。在清晨的农贸市场上，不难看见人们在各摊位上搜寻着这种果蔬，如同寻宝。而在以往，人们在购买水果、蔬菜时都喜欢挑个儿大、颜色鲜艳、表皮完好的。这是为什么呢？原来，随着生活品质的不断提高，人们对食物的追求不再停留于是否能够填饱肚子的问题上，而是更加关注其营养价值、安全性。

但是，果蔬的农药残留一直让人们耿耿于怀。不知何时起，"果蔬带虫眼儿，说明有虫；虫子能存活，说明没使用农药；不喷洒农药，说明果蔬就更绿色安全"的说法在人们口中传了开来；加之一些个体商贩的借机炒作，"我们的青菜本来是给自己吃的，没有打过农药……"因此，带有虫眼儿的果蔬便成了人们判定"绿色果蔬"的"金标准"。当然，这些所谓的"绿色果蔬"价格也自然会高些，但在市场上仍是供不应求。

那么问题来了，虫眼果蔬就真的是绿色安全的吗？

雨燕为解开这个疑惑，走遍大大小小的农贸市场，终于淘到了一些带虫眼儿蔬菜。与此同时，她还随机买了些表面完好的蔬菜，一同带给小微博士检测，但结果却令她瞠目结舌。这些虫眼儿蔬菜上的农药残留量远远高于表面完好的蔬菜。相比雨燕一脸的诧异，小微博士显然对这结果并不感到意外，因为在早些时候，她就亲自走访过当地的果蔬种植大户，并对他们的果蔬管理模式有了一定的了解。

在农业生产过程中，病虫害预警讲究"防患于未然"。首先，以青菜为例，菜叶上有虫眼儿说明病虫为成虫，而那些没有虫眼儿的青菜可能存在幼虫，但成虫的抗药能力一般比幼虫要强，那么在使用农药过程中，虫眼儿蔬菜的农药含量肯定会高一些。其次，病虫长大需要一个过程，等青菜出现虫眼儿后再使用农药，这间隔距蔬菜采收、售卖时间往往过短，大部分农药还没有来得及分解，导致蔬菜上的农药残留量高。再次，喷洒农药很难做到在同一时间杀死全部病虫，菜农为"抢救"遭虫害的青菜，通常会在短时间里加大剂量多次喷药，而农药自然降解的时间至少需要6~7天，这样的做法不但会使农药毒性叠加，久而久之还会使害虫产生耐药性，加大其危害性。最后，果蔬的表皮有一层蜡质，能有效地起到防止虫害和有毒物质的侵害，一旦其表皮有了虫眼儿，这层天然屏障就被破坏了，各种细菌等病原微生物就会趁虚而入，造成果蔬污染。

经小微博士这么一分析，雨燕恍然大悟。"果蔬上有虫眼儿，并不等于没使用农药，更不能作为挑选绿色果蔬的'金标准'。小微博士，那绿色果蔬通常如何辨别呢？"雨燕瞪大了眼睛问道。

"绿色果蔬首先会有一个'绿色'认证标签，并且在购买过程中，尽量选择当季果蔬，有的应季果蔬不仅营养价值高，而且农药使用量也会相对低很多；形状、颜色奇怪的果蔬一般也不是'绿色'的，可能会有激素、化肥等有害成分；当然，多了解易受虫害的果蔬品种能更好地帮我们买到更安心的果蔬……"

"真是受益匪浅啊，我一定要把学到的知识告诉大家！"还未等小微博士的话音落下，雨燕便激动地离开了。

▲ 有虫眼儿的果蔬

 【小微博士有话说】

在生活中，我们虽然对"绿色果蔬"的判定很难把握，但对于农药残留问题倒是可以持"宁可信其有，不可信其无"的保守态度。

那么，该如何减少果蔬表皮的农药残留量呢？下面，小微博士支4招，帮你轻松搞定！

（1）去皮。这是最简单也是最有效的方法，但通常只适合能去皮的瓜果类，如黄瓜、甜瓜等。

（2）水洗。不宜去皮的果蔬要充分浸泡、洗涤后食用；并且，不同果蔬应该采用不同的洗涤方法。例如，叶菜类直接浸泡就能起到减少农药的效果，反复揉搓反而会破坏其表面蜡质的隔离作用；再如苹果、青椒等较厚实的果蔬，最好用流动水冲洗；有些果蔬还可采用碱水浸泡法清洗。

（3）加热。有些农药在高温时易挥发或分解，如氨基甲酸酯类杀虫剂，因此对于扁豆、菜花等蔬菜可采用充分加热或事先水焯的方式，降低农药残留量。

（4）放置。研究表明，对于某些农药，暴晒一天可使残留量下降一半。因此，像辣椒这种耐晒的蔬菜，完全可采用阳光直射的方法降低农药残留量。

最后，小微博士建议，尽量少使用果蔬清洗剂、洗涤灵等清洁剂。虽然它们或多或少地能去除部分农药残留，但这些会对果蔬造成二次污染，因为它们本身所含有的一些物质，如表面活性剂等，对人体消化道有一定的伤害。

26. "镉大米" 事件

▲ 有毒的大米

大米1元/斤
每人限购15斤

又到周末了。星期六早上阳光正好，胖胖熊和熊妈妈一起出门去逛街。他们刚走到街上就被不远处的热闹吸引了，一个小商贩的摊位前居然排起了长队。"咦！那边那么多人在排队干嘛呢？"胖胖熊一边自言自语，一边忙不迭地跟着熊妈妈凑上前去。走近一看，原来大家在排队抢购大米。小商贩摊位前的广告牌上写着"大米1元1斤，每人限购15斤，先到先得"。这么便宜的大米，看着颜色纯白，颗粒饱满，难怪大家要抢着买了。大家装米的装米，拿袋的拿袋，熊妈妈也挤进人群开始排队。胖胖熊看到狐大哥也在，过了一会儿，松仔和雨燕也来了。松仔和雨燕可不是来抢购大米的，而是正好从这里过，看到这么多人排队买东西，觉得有些奇怪，所以上前来看看。

"这散装大米价格太便宜了，也没有生产日期、保质期、生产厂家等信息，这品质有保证吗？"雨燕问道。

"能有啥问题，这大米看着还不错。"狐大哥随口回答道。

"松仔，你怎么看？我觉得大家买这种既看不到产地，又没有包装的便宜大米，还是不太安全。"雨燕又说道。

"有没有问题，待我们取一些大米拿去小微博士的实验室检测一下就知道了。"松仔机智地说道。

于是他们在人群中找了一个已经付钱的熟人，取了一些大米，就直奔小微博士的实验室。

胖胖熊也跟着松仔和雨燕来到小微博士的实验室。小微博士听松仔讲明事情缘由后，接过大米就进实验室做检测去了。时间一分一秒地向前走，几个小时后，小微博士终于拿着检测结果出来了。

"从检测结果来看，你们送来检测的大米镉元素超标，如果长期大量食用此类大米的话，是有健康危害的。"小微博士意味深长地说道。

"果然有问题！难怪那么便宜，镉元素超标，所以这个大米是'镉大米'，对吗？"松仔连忙问道。

"是的，松仔果然勤奋好学，阅历广泛。"小微博士回答道。

"我也是之前看新闻，对'镉大米'事件略有耳闻。据新闻报道，有一些不良大米加工厂将原本镉含量超标已被严禁流入口粮市场的稻谷，通过检测造假的方式，加工成大米销售。"松仔谦虚地回答道。

"镉是一种能在人体和环境中长期蓄积的有毒重金属，对肾脏、骨骼和呼吸系统都有很强的毒性，人如果长期食用含镉食物会导致镉中毒症，从而引起'痛痛病'。'痛痛病'患者全身各部位会发生神经痛、骨痛现象，行动困难。到患病后期，患者骨骼软化、萎缩，四肢弯曲，脊柱变形，骨质松脆，甚至连咳嗽都能引起骨折。我们得马上找食品安全监督管理部门举报。"小微博士补充道。

"事不宜迟，我们马上行动，这样还可以尽快赶回去阻止其他人购买这种有问题的大米。"雨燕说道。

松仔一行和市场监管部门的工作人员相继来到了还在售卖"镉大米"的商贩这里。工作人员根据相关法律法规对小贩和"镉大米"进行处理，而小伙伴们则忙着挨家挨户地告诉美食城堡的居民，小摊上售卖的散装大米经小微博士实验室检测，发现存在食品安全问题，提醒大家不要再食用了。大家纷纷为松仔及时发现问题并告知大家的行为点赞，感叹道：以后小商小贩卖的东西还是得多多留意，不可盲目购买。

 【小微博士有话说】

（1）建议大家到正规的大型超市或者有资质的粮油店购买大米并留好购物小票，切勿贪图便宜，购买劣质、过期的大米。另外，建议大家经常更换大米品种，避免长期食用同一个品牌、同一个产地的大米，增加安全系数。

（2）建议主动而广泛地摄入五谷杂粮，均衡饮食减少镉污染。日常饮食中还可适当增加富含锌、硒的海产品和水产品等，以抑制镉的吸收，降低患病风险。

27. 黑心小作坊

在一个阳光明媚的清晨，伴随着一阵阵"嘀铃铃，嘀铃铃"的闹钟声响，熊妈妈起床去做好早饭，并在嘱咐好熊爸爸相关事宜后就提着行李出门了。熊爸爸看熊妈妈出门后就把胖胖熊叫起来一起洗漱完后去吃早饭。熊爸爸对胖胖熊说："妈妈去郊游了，这两天由爸爸照顾你，儿子你说你想吃什么，爸爸中午给你做。"听到这话，胖胖熊用怀疑的眼神看着爸爸，问道："爸爸，你真的可以吗？"熊爸爸拍拍胸脯说："宝贝，你要相信爸爸，爸爸之前只是深藏不露，没有展示自己精湛的厨艺，今天爸爸就露一手给你瞧瞧。一会儿你去找松仔玩会儿，中午叫松仔一起过来吃饭，让他也尝尝你老爸的厨艺。"胖胖熊只好相信了爸爸，于是吃过早饭就跑去找松仔玩了。

熊爸爸看时间差不多就在厨房开始忙碌了起来，不过毫无疑问，厨房被熊爸爸弄得一片狼藉。熊爸爸心想可一定不能让胖胖熊失望啊，于是灵机一动，可以定份外卖送过来呀，让胖胖熊以为是我做的不就可以了。于是他在网上订了几个胖胖熊喜欢吃的菜，没一会儿外卖就送过来了，熊爸爸将菜盛在盘子里，等胖胖熊和松仔回来吃饭。不久，胖胖熊带着松仔回到家，看到桌上丰盛的午餐，口水立马就流了出来。

三个人没一会儿就把桌上的菜都吃完了。这一餐可把胖胖熊乐坏了，一直吵着以后都要吃熊爸爸做的菜。但是接下来的几天就苦了熊爸爸了，他每天都要装作大厨的模样在厨房忙碌，背地里却偷偷订外卖。接下去的两天，胖胖熊吃得很是开心，但结果就在第二天晚饭后却突然出现恶心呕吐的症状，这下可把熊爸爸急坏了，赶紧和松仔把胖胖熊送到了医院。结果医生说是食物中毒，松仔马上说："这几天胖胖熊都是吃熊爸爸做的饭，怎么可能会食物中毒呢？"熊爸爸惭愧地说："真不好意思，这几天你们吃的饭都是我订的外卖，应该是外面的饭菜不干净导致的。"松仔听完后说："熊爸爸，如果真是外卖的问题，你应该报警啊，不然以后还会有人会出现这样的情况。"在一旁看到这一幕的小微博士走了过来，对熊爸爸说："你把今晚吃的食物拿过来，我化验一下，看到底是不是你所订的外卖导致食物中毒的。"

　　熊爸爸回家将剩下的饭菜带到了小微博士那里，经过一个多小时的化验，小微博士对熊爸爸和松仔说："确实是这些食物导致的，由于胖胖熊吃得比较多，体内毒素积聚多因而导致食物中毒。你们吃得比较少，毒素轻，可以靠自身的防御机制排出体外，但也不能再吃这种食物啦。食物中毒是由于食材不新鲜、烹饪不卫生导致的。像这样的情况最好像松仔所说的那样报警，以免更多的人受害。"

　　熊爸爸听了后，就打电话报了警。警察经过侦查，发现熊爸爸订外卖的这家店，放在网上的照片是菜品色泽艳丽，厨房不锈钢灶具洁净透亮。而实体店的厨房却是昏暗狭小的制作间，墙上、灶台上、饭锅上，到处是黑乎乎的油渍；老板从外面买来的火腿肠，用牙咬开外包装就直接配到炒饭中；掉进脏东西的饭盒，在桌上磕打一下，就直接装饭；用完盛饭板直接放在全是污渍的锅盖上。熊爸爸和松仔听到这一消息惊呆了，没想到自己会遇到这样的事，心想以后还是自己做饭吃为妙。

▲ 小作坊脏乱差

 【小微博士有话说】

（1）对于网上订餐，最好选择有卫生合格证的实体店订餐，杜绝黑心小作坊。

（2）无论外面的东西有多好吃，自己做饭吃更健康。

28. "五毛零食"大爆炸

　　下课的铃声"叮叮当当"地回荡在美食城堡小学的每一个角落，胖胖熊和一群小伙伴井然有序地做着值日的最后一项打扫工作。

　　"终于全部搞定啦！"胖胖熊放下扫把，顺势伸了个腰，露出圆滚滚的肚子。"辛苦你啦，带你去吃包辣条减减压。"他拍了拍自己的肚子，喃喃自语道。

　　一踏出校门，胖胖熊就径直跑向了马路对面的一家小商店，不一会儿便抱着一堆花花绿绿的小包装食品走了出来。只见胖胖熊抑制不住满脸的喜悦之情，马上撕开一包美滋滋地享用起来。此时，小微博士开车路过，恰巧看见正在等校车的胖胖熊。

　　"胖胖熊你跟老师说一声，我送你回家。"小微博士将车停在一旁，摇下车窗冲着胖胖熊招手。

　　"好嘞！"胖胖熊开心地直奔过来，一股脑儿地将书包和手中的零食抛在后驾驶座上，便跑去向老师请示。

　　顷刻，车内便充满了一股"香浓"的味道。小微博士转头望向后座，只见那堆零食中以辣条、辣片等调味面制品为主，还有几包果脯、膨化食品和袋装饮料。它们的名字五花八门、包装花花绿绿的，口味以甜和辣为主。小微博士随手捡起几包辣条，但光凭外包装的油腻触感，就让她不禁对食品的安全性感到担忧。小微博士发现，这些辣条上都标有"QS"（企业食品生产许可）标识，但仔细一看，这些零食里可添加了不少食品添加剂，甚至在某牌子的"素牛筋"中添加剂多达几十种。

小微博士在认真查看配料表后发现，这些辣条都含有3大类食品添加剂。

常见的甜味剂类包括阿斯巴甜（含苯丙氨酸）、甜蜜素、三氯蔗糖、安赛蜜、纽甜。阿斯巴甜最初是在合成促胃液分泌激素时偶然发现的具有甜味的物质，它比蔗糖甜约200倍，在人体内会代谢产生苯丙氨酸，苯丙酮尿症患者不能食用，所以现规定含有阿斯巴甜成分的食品必须标明含有苯丙氨酸；甜蜜素摄入过量会对人体的肝脏代谢和神经系统造成危害；三氯蔗糖是由蔗糖制取的，目前没有充分证据证明其存在毒性，是一种比较理想的甜味剂，但其制取难度大，价格高。

常见的增味剂（鲜味剂）类包括L-谷氨酸钠、5′-呈味核苷酸二钠。L-谷氨酸钠就是"味精"，而5′-呈味核苷酸二钠与味精有相同作用。这两种添加剂都可在各类食品中按生产所需适量使用，没有规定最大允许添加量，所以有人说辣条中味精味过重是有道理的。

防腐剂类通常包括复配糕点防腐剂［水溶（脱氢乙酸钠、柠檬酸钠、山梨酸）］、复配糕点防腐剂［脂溶（单硬脂酸甘油酯、蔗糖脂肪酸酯）］、特丁基对苯二酚。其中柠檬酸钠是最为常见的添加剂，一般由柠檬酸和小苏打或纯碱制取，其天然存在于动植物体内，所以可以认为柠檬酸钠是无毒的，可以适量使用；山梨酸是一种不饱和脂肪酸，长期大量摄入会危害肾、肝脏的健康。

虽说离开剂量谈添加剂的毒性不够客观，但在解读其营养成分表后，小微博士的脸色愈发沉重了起来。人们往往会吐槽辣条过油、过甜、味精味过重，却没想到过食用一整包辣条意味着钠摄入量将超过日常推荐值的近1.4倍！食物中的钠基本以氯化钠的形式存在，俗称食盐，而食盐摄入过多极易导致高血压，同时会影响人体对钙的吸收，造成骨质疏松，这对处于发育阶段的中小学生极为不利。

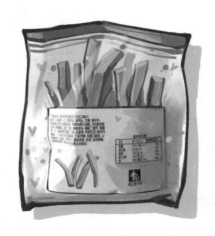

▲ 五毛零食代表——辣条

"五毛零食"因利用多种添加剂使其口味新奇；加之这些零食的价格均在5毛钱左右，家长平日给的零花钱足以买一大堆，可谓"物美价廉"，对绝大部分中小学生极具吸引力。但对正处于胖胖熊这年龄阶段的孩子来说，他们更需要营养均衡、健康卫生的食品。然而生产、销售都以散、乱、隐蔽为特点的"五毛零食"，不但无法保证其安全性、卫生合格，长期高糖、高盐、高热量的食用，终将导致便秘、发育不良等一系列慢性疾病。

看着正步步走来充满朝气的胖胖熊，小微博士坚定了内心的想法——呼吁监管部门，联合校方与家长，共同抵制"五毛零食"刻不容缓。

【 小微博士有话说 】

　　或许有人会问，都是甜味剂，为何要同时添加那么多种？首先，甜味剂复合产生的效果绝不只是1+1=2，因此，同时添加多种添加剂可以降低成本；其次，有些甜味剂如安赛蜜、甜蜜素，高浓度时会有苦味，多种甜味剂复合后可以改善口感，同时提高甜味的稳定性；最后，若使用单一甜味剂来达到所需的甜度，其添加量很有可能超过国家标准，选择多种添加剂则可以避免超标。

　　不同种类的防腐剂也各有作用。水溶性的防腐剂是针对面筋的，脂溶性的防腐剂则是针对食用油的。同理，防腐剂的复配也是为了增强效果，避免单一防腐剂添加超标。

　　"五毛零食"虽"物美价廉"，但已被多次曝光其食品添加剂超标，就连"网红辣条"也难逃黑名单。小微博士建议人们最好是摄入天然食物，尤其是正处于发育阶段的中小学生，相比于"五毛零食"，绿色有机瓜果蔬菜才是保卫人体健康的最强王者。

虚伪的假面

——滥用食品标识

29. 难辨真假的阿胶

一年一度的母亲节就要到了，胖胖熊忧心忡忡地走在回家的路上，正为该给妈妈准备什么样的礼物而发愁。突然狐大哥骑着新买的自行车"嗖"地一下经过胖胖熊身边，差点把胖胖熊撞到路边的花坛里。胖胖熊生气地叫停了狐大哥，狐大哥则表示自己一直按车铃，是胖胖熊自己没有听到，胖胖熊狐疑地嘀咕道："是我想得太入神了吗？"狐大哥连忙问道："胖胖熊你想啥呢？你这样走路可不安全呀！"胖胖熊回答道："我在想母亲节送妈妈什么礼物呢？"狐大哥开心回答道："这还不简单，我带你去个地方。"

胖胖熊到了地方才发现这是一家阿胶店，里面有阿胶片、阿胶粉、阿胶核桃糕、阿胶膏、阿胶口服液、阿胶胶囊、阿胶枣、阿胶含片等。胖胖熊连连后退，拉起狐大哥往外走，他边走边说道："阿胶太贵了，我的零花钱不够，我还是买别的礼物送给妈妈。"狐大哥拉着要离开的胖胖熊，坚持让他去这家看看，并告诉胖胖熊，他买过了很实惠的，比超市的便宜很多。最后胖胖熊在老板的推荐下用不到100元买了一盒包装精美的阿胶片，高高兴兴地出来了。为了给妈妈一个惊喜，胖胖熊把礼物放到了小微博士那里，准备母亲节那天再给妈妈。

第二天，松仔也不禁赞叹阿胶片是个好礼物，就是太贵了。胖胖熊告诉大家他买的这一盒才不到100元，可大家却不相信他。这时小微博士却发现了端倪，这盒包装精美的阿胶片没有阿胶含量，更没有生产许可证。于是便拉着胖胖熊了解情况，胖胖熊便把情况说了一遍。小微博士则表示，500克阿胶差不多几百元甚至上千元。再看看胖胖熊这份阿胶片净含量1千克，除非其阿胶含量很低，要不然怎么如此便宜。松仔在旁边问道："要是阿胶含量很低，那还有阿胶的作用吗？那阿胶的美容养颜作用是不是就很弱了。"小微博士回答道："那作用确实大打折扣，更严重的还不是含量低，就怕他们'挂羊头卖狗肉'，不是真正的阿胶，添加了其他不健康的成分。"

▲ 真假难辨的阿胶

　　依据《中华人民共和国药典》（2020年版）"阿胶"的定义："本品为驴皮经煎煮、浓缩制成的固体胶。"由于驴皮阿胶的价格较高，因此市场上有些人采用旧杂皮、烂皮、动物碎骨等熬制，甚至用其他动物皮或硬塑料等伪造成阿胶。目前市面上的假阿胶主要分为三大类：①骨胶类：用骨胶厂生产的骨胶加水加热溶化浓缩再加色素仿制而成。②明胶类：化工厂生产的工业明胶或医用明胶，同骨胶仿制方法一样。③杂皮胶：为皮革厂废皮。总的来说，假阿胶的市场就是驴不够，牛马凑；浓度不够，明胶来凑。凑来凑去，胶可能还是那些胶，可跟驴已经没什么关系了。假的阿胶不仅没有效果，可能还会适得其反。如有马皮成分的胶块对人体危害很大，这样的假胶不仅不能滋阴补血，反而引起下血，孕妇如若服用很有可能造成滑胎。如果用牛皮或猪皮仿制的假阿胶，不能达到保养的效果还算轻的，如果用病死猪、牛的皮或其他动物皮或工业下脚料等熬制的胶块假冒阿胶，危害更是不言而喻。

　　胖胖熊听后连连撇嘴，连忙问道："那我们怎么区分真假阿胶呢？"松仔连忙接道："怎么区分我可能还不清楚，但是你给妈妈买得估计不太真，还是别给阿姨吃了，具体怎么区分让小微博士再给我们好好科普一下！"

【小微博士有话说】

　　阿胶的分辨主要通过以下方法：

　　（1）看外形、色泽、透明度。表皮呈棕色或棕黑色、平滑有光泽，对光照视边缘呈半透明，无异物者为真阿胶；假阿胶则断面乌黑或灰黑，如骨胶表面不透明、无光泽，有气泡所致的小孔洞，侧面有不规则的皱纹。牛皮胶其色黄明，故又称黄明胶等。

（2）硬脆度：真阿胶坚脆易碎，用力拍打真阿胶，会碎裂成数块，夏天亦不湿软；假胶则较坚韧，不易打碎，甚至可弯曲，如牛皮胶质硬，不易破碎。

（3）闻气味：假胶有股臭味，如牛皮胶灼烧有浓烈的浊臭气，骨胶气味臭，明胶气味或有墨汁样臭味，杂皮胶灼烧有豆油香气等。

（4）溶化性：假胶不易溶化，有的还会出现絮状物等。如自行难以识别，必要时可去专业中药店或食药监管部门做鉴定。

健康的度量衡

——适量饮食

30. 香蕉宝宝的爱与恨

在美丽的美食城堡中，每到特定的时节都会有大量的时令蔬菜水果上市，这些蔬菜水果不仅新鲜，而且价格还特别便宜。这不又到了香蕉大量上市的时候，熊妈妈看一家人都比较爱吃香蕉，价格还十分便宜就买了一箱。为了让香蕉保存更长的时间，熊妈妈只挑了一部分黄皮的香蕉以便这两天吃，剩下的大部分都是那些皮发青的。

熊妈妈开开心心地带着一大箱的香蕉回到了家，推开门看到胖胖熊、松仔和雨燕三个好朋友都在家里面玩耍，就跟他们几个说："胖胖熊你们几个先别玩了，先吃点香蕉吧！"胖胖熊就屁颠儿屁颠儿地跑过来，把妈妈买回来的黄皮香蕉拿去和松仔、雨燕两个好朋友分享。胖胖熊一边抱着香蕉皮一边说："香蕉是我最喜欢吃的水果啦，好开心啊！"松仔也一边咬着胖胖熊递过来的香蕉一边说："香蕉不仅香香甜甜很好吃，对我们还有很多好处呢。例如，预防高血压、消除疲劳、预防便秘、防治胃溃疡、防治失眠等。"雨燕崇拜地看着松仔说："松仔，你好厉害呀！懂得香蕉的这么多好处。"胖胖熊也连连点头："对呀对呀，松仔你好厉害，既然香蕉有这么多好处，我可要多吃点。"

过了几天，胖胖熊发现妈妈买回来的黄皮的香蕉已经吃完了，还有好多

▲ 香蕉熟了吗

是半青不黄的香蕉，捏一下还有点硬，不像之前吃的香蕉软软的。不过转念一想，先尝尝，看看味道怎么样。于是胖胖熊就拿了一根香蕉尝了一下，除了稍微有一点点涩和硬外，其他没什么差别。胖胖熊就开始吃这些半青半黄的香蕉了，而且每天还吃好多根。一段时间后，胖胖熊觉得最近一段时间老是感觉便秘，肚子也很不舒服。松仔得知情况后感觉很奇怪，觉得胖胖熊不应该这样，于是就一起去请教小微博士。小微博士听了两人的叙述，并询问了胖胖熊近期的饮食习惯后，说："松仔你说得很好，吃香蕉是有很多好处，可以预防便秘，但是生香蕉的涩味来自香蕉中含有的大量的鞣酸。当香蕉成熟之后，虽然已尝不出涩味了，但鞣酸的成分仍然存在。鞣酸具有非常强的收敛作用，可以在肠内结成干硬的粪便，从而造成便秘。最典型的是老人、孩子吃过香蕉之后，非但不能帮助通便，反而可能发生明显的便秘。此外，多吃香蕉还会因胃酸分泌大大减少而引起胃肠功能紊乱和情绪波动过大。因此，香蕉不宜过量食用，而且也不可空腹食过多的香蕉，因为香蕉中含有大量的钾、磷、镁，对于正常的人，大量摄入钾和镁可使体内的钠、钙失去平衡，对健康不利。"听了小微博士这番话，松仔和胖胖熊感慨道："就是再好吃、再有益的食物也不能多吃。"

【小微博士有话说】

（1）香蕉的好处有许多，如预防高血压、消除疲劳、预防便秘、防治胃溃疡、防治失眠等，样样都可以。

（2）香蕉的禁忌是不宜多吃，不宜空腹吃，不宜吃未成熟的香蕉。

（3）适量吃香蕉，健康伴你行。

31. 胡萝卜让你眼睛美而亮

树儿绿了，花儿开了，这日美食城堡学校举办一年一度的春游活动，同学们都带着各自的午餐兴高采烈地出发了。经过一个小时的整理场地，同学们开始做游戏了，玩儿得很是愉快。不知不觉到了中午，小微博士组织同学们围成一圈一起吃饭。松仔看到妈妈为自己准备的是胡萝卜，不由得皱起眉头，因为胡萝卜是松仔不喜欢吃的蔬菜。雨燕看到松仔迟迟不下筷子，就问松仔怎么了？

松仔不开心地回答道："我最不喜欢吃胡萝卜，可妈妈为我准备的却是胡萝卜。"

小微博士再次提醒同学们下午要捡垃圾和打扫草坪，所以会比较累，建议大家一定要吃得饱饱的。松仔走向小微博士要求去附近买点面包，小微博士问完原因后让松仔坐回了原位，接着她便请不喜欢吃自己带的食物的同学举手示意。松仔和胖胖熊难过地举起手来，原来熊妈妈也给胖胖熊准备了他不喜欢吃的胡萝卜。

小微博士立马以"胡萝卜知识知多少"为题举行了有奖竞答赛，大家你一言我一语，有的说胡萝卜是蔬菜，吃了长得高，有的说胡萝卜可以补充能量供我们走路，聪明的雨燕总结了大家的观点又告诉大家胡萝卜能让我们的眼睛更加明亮，建议大家一定要多吃胡萝卜。小微博士鼓掌以示赞同，同时拿出了微型电子投影仪，将胡萝卜的资料投影到绿油油的草坪上。

投影资料显示胡萝卜被誉为"东方小人参"，它的作用如下：

（1）防止血管硬化，减少心脏病；

（2）胡萝卜素能转变成维生素A，增强机体免疫力；

（3）胡萝卜素和维生素A能促进眼内感光色素生成能力，预防夜盲症，减缓眼睛疲劳，益肝明目；

（4）胡萝卜中的植物纤维有很强的通便能力；

（5）胡萝卜中的木质素可以提高巨噬细胞（保卫人体健康的士兵）能力，预防感冒等作用；

（6）胡萝卜中的β-胡萝卜素还能有效预防花粉过敏等。

小微博士关掉投影仪说道："胡萝卜功效如此之多，我们是不是应该多吃胡萝卜增强自身健康呢？最重要的是，我们要养成不挑食的好习惯，因为我们的身体喜欢各种营养物质，我们的膳食应该满足我们的身体需求。"

听完小微博士的话松仔和胖胖熊默默地拿起了眼前的饭盒。下午大家能量满满地做完了捡垃圾活动，林场管理员还夸同学们并授予每位同学"志愿小能手"徽章。回校的路上，小

▲ 抱着胡萝卜的松仔

微博士给每个人留了一个任务，让父母选择一种蔬菜，同学们查阅资料找到这些蔬菜的作用。

次日课堂上，同学们都积极参与，踊跃发言，说出了自己的发现，并表示自己以后一定多吃各种各样的蔬菜，健康成长。小微博士对大家的表现很满意，这个活动也受到了家长们的一致好评。下午回到家中，松仔主动提出要吃松仔妈妈做的胡萝卜，同时他也发现胡萝卜不仅没有那么难吃，还很甜、很香。

【小微博士有话说】

（1）蔬菜有很多作用，我们应该平衡饮食不挑食。

（2）任何食物都有它的作用，我们都要吃，但不能多吃，也不能少吃，要均衡饮食、健康生活。

32. 快时代下的预制菜

　　阳光和煦，温柔地洒到小微博士的书桌上。小微博士抬头看看窗外的蓝天，不禁感慨：又是一个好天气！

　　突然，一阵急促的敲门声，小微博士打开门一看，原来是雨燕。雨燕说道："博士，博士，松仔告诉我美食城堡学校食堂准备采用预制菜模式，那不就是速食吗？我可不爱吃速食。我们正准备去看看，你去吗？"小微博士回答道："好啊，我刚好这会儿看书看累了，一起去看看，顺带休息下眼睛。"小微博士和雨燕来到校门口，只见门口已经有一堆家长在等待校方回应。食堂管理员一遍一遍地告诉大家是否采用预制菜模式还在商议中，请大家稍安勿躁，目前采用的还是现吃现做的菜肴。可是，门口的这些家长们哪里听得进去。只听到有家长说："学校一天不给出明确回复，我们就给孩子们送饭一天，坚决抵制预制菜。"松仔妈妈眼尖，看到了小微博士，她走来说："预制菜着实不能让人放心，就怕破坏孩子们的饮食健康呀！况且，我也没有时间天天给松仔做饭送饭，真愁人啊！"小微博士只能劝慰她，不用过分担心。

　　从这天起，每到中午饭点，美食城堡学校门口都会堵起长长的队伍。家长们纷纷搬着小凳小桌，给自家孩子送饭，好不热闹。

　　松仔妈妈跑来小微博士的实验室，希望小微博士给大家科普下预制菜的好与坏，希望学校做出更好的选择，不耽误孩子们的生长发育。松仔、雨燕和胖胖熊听说后纷纷加入了预制菜科普小队。分工完成后，大家各自行动。很快，预制菜的前世今生就被弄得明明白白了。

现代化的预制菜最早起源于20世纪40年代的西方国家。预制菜是指以天然农产品、畜禽产品、水产品等作为原料，提前加入各种辅料，经过洗、切、辅料的配制处理等过程加工完成的一类菜品。选用符合现代化食品卫生标准的原料，通过中央厨房生产加工，采用真空或者冷冻保存技术，可以有效保障菜品的新鲜口感和营养美味。这种方法省去了传统食材复杂的加工处理步骤，即便是厨房新手也能在10分钟内做出大厨口味的美食。预制菜高效、便捷、口味还原度高的优点使得它受到广大青年人的热烈追捧。

胖胖熊整理好这些信息后喃喃道："这么听来，预制菜进校园也没有什么不好的。"

松仔则表示预制菜不会如此简单。雨燕也说，预制菜可以分为4大类，有些技术成熟，有些技术还有待改进，我们不能一概而论。

于是，小微博士让雨燕来讲解下如何把预制菜分为4类。

雨燕开始科普道："第一类是以咸菜罐头为首的即食类，这类食品目前技术较为成熟，而且各个环节容易把控，发展较好；第二类是即热类，以自嗨锅、蔬菜沙拉为主，深受年轻人的喜爱；第三类是即烹类食品，以酥肉、螺蛳粉为代表，这类食品因其独特的味道也受到了大众喜爱；第四类是即配类，以火锅拼盘、土豆丝等一系列家常菜为代表，风靡餐饮界。"

听到这儿，胖胖熊不禁问道："这么说来，楼下餐馆我最爱吃的鱼香茄子也是预制菜了？那我以后还是回家吃鱼香茄子吧。省得我以后营养不良，没办法继续在运动会上为班级争光了。"大家突然被胖胖熊逗乐了。小微博士说道："相比于新鲜菜品来说，预制菜确实有很大的局限性。例如，营养成分不够多样化、添加剂过多、更容易受到病菌污染，还有增加慢性病的风险。但是，尽管有各种局限性，预制菜在我们生活中又是必不可少的，典型的就是户外的自热米饭。"

▲ 琳琅满目的预制菜

　　总结来说，预制菜是符合潮流发展的需要的。但是，由于预制菜品的发展参差不齐，我们在购买时需谨慎。特别是对于预制菜进校园，大多数人是持反对意见的，这毕竟会影响到少年儿童的健康成长。此时，小微博士的手机突然收到了学校取消采用预制菜品的消息，大家也都松了一口气。

【小微博士有话说】

预制菜需要我们科学理性地对待，而非谈预制菜"色变"。预制菜是否安全健康，我们要认真查看产品标签和说明书，了解产品原料、配料、添加剂、营养成分等信息。

（1）我们要根据预制菜的配料表，合理搭配其他食物。这样才能均衡营养，平衡饮食结构。

（2）我们要控制预制菜的摄入量和频率，以免造成热量、盐类、油脂的摄入不合理。

（3）我们要选择正规的生产厂家和有品牌保证的产品，避免购买假冒伪劣或过期变质的产品。

33. 美味螃蟹停不下

"不到庐山辜负目，不食螃蟹辜负腹。"——苏轼

　　一年一度桂花香，一年一度秋蟹肥。胖胖熊这个小吃货，对螃蟹早已垂涎已久。这天放学，他约上好伙伴松仔、雨燕去美食城堡的自助餐厅聚餐。

▲ 美味的螃蟹

　　当他们到达自助餐厅时，发现餐厅里有很多人，食材也准备得很丰盛，在场的每个人都在享受着美食。看着柜台里硕大的螃蟹吐着泡泡，八只脚横着行走，胖胖熊更兴奋了，嘴里直咕哝："等着等着，我马上就来解决你们，看你们还怎么嚣张，哈哈哈……"

　　想象一下，掀开蟹盖，露出里面黄澄澄的蟹黄和雪白的蟹肉，再沾上蒜姜末和醋，蟹肉的香味充满整个味蕾。胖胖熊实在是忍不住了，水开后立即伸筷子去夹螃蟹，但是被雨燕阻止。雨燕说道："胖胖熊，还不能吃，螃蟹要煮熟一点，不然螃蟹体内含有很多寄生虫，吃了容易拉肚子的。"胖胖熊不以为然，反驳道："已经熟了，水都开了，煮太长会使蟹肉变老，口感变差，营养成分还会流失呢。"眼见着胖胖熊和雨燕要吵起来了，松仔提议，"不要吵了，我们还是咨询小微博士吧，她一定知道。"

　　三人来到小微博士家说明了来意，小微博士笑了笑，为他们解惑道："你们说得不全面，其实对于螃蟹，我们可以从以下几点进行了解。

　　"最好选择鲜活的螃蟹，口感较好，死亡的螃蟹不能食用，因为螃蟹在死亡后，体内寄生的细菌会快速繁殖，蟹肉会迅速腐败变质，食用后会出现呕吐、腹痛、腹泻等症状。螃蟹喜欢吃腐烂的食物，身体里面含有大量的细菌、淤泥和寄生虫，螃蟹的肠胃和鳃里常存在大量细菌，建议在煮螃蟹前，把螃蟹放在清水里养一会，可以使螃蟹更干净，煮熟后味道也更鲜美。螃蟹中含有的组氨酸会在高温下分解，如果没有煮熟，人体摄入的组氨酸过多，可能会导致组氨酸中毒。因而尽量食用新鲜、处理干净、煮熟的螃蟹。

　　"但值得注意的是，常见的肺吸虫、钩虫、异尖线虫等寄生虫在活蟹体内的检出率很高，而这些寄生虫尤其是肺吸虫会导致人的感染，肺吸虫一旦入侵人的肺部会刺激破坏肺组织引起咳嗽甚至引发咯血，若侵入大脑会导致瘫痪。生吃（腌吃、醉吃）螃蟹可导致肺吸虫病，因此螃蟹必须高温烹饪，但是也不要煮过火，否则会导致肉质老化，营养物质流失，使食用口感和营养价值都下降。建议烹饪时间为15~20分钟，至螃蟹变色，具体时间视螃蟹大小而论。

"由于螃蟹属于寒性食材，姜醋汁属于热性调味料，所以煮螃蟹时可以配合姜醋汁，不仅可以中和螃蟹的寒性性质，也能使螃蟹更加美味。螃蟹不能与寒凉食物同食，其本身性寒，再吃寒凉食物如冷饮、西瓜等，会导致腹泻、肠胃紊乱。也不能与柿子、茶水同食，其含有的蛋白质会与柿子、茶水中的鞣酸产生反应，不仅使蛋白质大量流失，而且会生成一些对人体健康不利的物质，造成消化不良等肠胃问题。

"但是不可否认的一点，螃蟹的营养价值很高，含有高质量的蛋白质、维生素B2、磷、钙、铁等营养物质，可以为人体提供足够的能量，有助于增强体力和免疫力。螃蟹中的微量元素锌、铜、硒等不仅能促进新陈代谢，还具有一定的抗氧化保健作用，可以促进肝脏代谢物质的排泄，起到益肝解毒的作用。

"总体来说，螃蟹作为一种营养丰富的食物，适量食用是有益的，但要注意清洗干净，食材新鲜，烹饪合理。"

 【小微博士有话说】

螃蟹虽美味，但并不是人人都可以享用的，以下几类人群不适合吃螃蟹。

（1）过敏体质人群：螃蟹富含丰富的蛋白质，人体的免疫系统会将螃蟹视为异体蛋白，从而产生排斥导致过敏反应，出现恶心、呕吐、发热、皮肤刺痒、呼吸急促、腹泻等症状，有时甚至会发生吞咽及呼吸困难，严重时会导致过敏性休克。建议根据自身体质适量吃螃蟹，如误食需要及时就医治疗。

（2）脾胃虚寒：螃蟹属寒凉食物，会导致腹痛、腹泻，即使是正常人过多地食用螃蟹，也可能会导致肠胃不适，严重时甚至会腹泻、消化不良。

（3）三高人群：螃蟹内胆固醇含量较高，尤其是有高胆固醇、高血脂、高血糖、冠心病等人群，建议不要吃，以防加重心血管病的发展。

（4）痛风患者：螃蟹肉中的嘌呤含量为25~150mg/100g，属于中等量食物，嘌呤在人体内的代谢终产物尿酸会加重痛风患者病情，嘌呤代谢异常或者痛风患者一定要远离螃蟹。

34. 杨梅身体里的宝藏

　　五月，微风徐徐，正是吃杨梅的季节，后山正好有一片杨梅林，学校每年都会组织学生采摘。

　　这天，小微博士走进教室，说道："杨梅季节又到啦！我们一会儿上后山摘杨梅咯！""啊啊啊啊，好啊好啊，可以吃到杨梅啦！"大家都兴高采烈地叫着。到了后山，"我们分组比赛摘杨梅吧，看谁摘得多，输的那组就……就给赢的人捶捶背吧！"胖胖熊神气地说道。"行啊，胖胖熊，我跟雨燕一组，你和狐大哥一组，我们比赛！输了可要给我捶背哦。"松仔说道。

　　比赛开始，大家都不服输似的一直在摘杨梅。可胖胖熊那个小吃货怎么会忍得住呢，不一会儿就直直地盯着杨梅，口水就要流下来了。趁着狐大哥不注意，胖胖熊不自觉地就把杨梅往嘴里送，"哇哇哇，这也太美味了吧！"胖胖熊一个接着一个地吃着，没

▲ 硕果累累的杨梅树

一会儿就被狐大哥发现了。狐大哥说道："胖胖熊，你怎么在偷吃！我们要输啦！还有这个杨梅还没洗呢，杨梅里面有虫子的，你怎么就吃了，你会肚子疼的。"胖胖熊反驳道："哪里有虫子啦，你就是不想让我吃。""一开始可是你提出要比赛的，你现在怎么可以消极比赛啊。""我没有，我只是想尝尝味道，我没有吃多少个……"松仔和雨燕听到吵闹声，便走了过来。"怎么了，怎么了，你们在吵什么呢？"松仔询问道。"狐大哥不给我吃杨梅，还跟我说杨梅里面有虫子不能吃……"胖胖熊委屈地说道。

刚好这时小微博士经过，松仔就问小微博士："小微博士，杨梅身上的小虫子到底能不能吃？"小微博士解释道："这种虫子是果蝇幼虫，吃下去不会对人体有害，反而是一种优质蛋白。但是杨梅鲜果的保质期很短，常温下只有1~2天，如果里面有虫子，它就会随着杨梅的变质而成熟，果蝇幼虫对人体无害，一旦它发育成熟，就会变成黑色爬出来化蛹羽化为成虫，这时候吃下去就对人体有害了。所以，杨梅摘下后，一定要尽快吃掉，而且杨梅的生长环境处于户外，空气中的杂质会附着在杨梅上，所以还是要泡过盐水之后再吃会比较安全。"

胖胖熊笑着挠了挠头，"可是这红彤彤的大杨梅就在我眼前，我忍不住"。"哈哈哈哈哈哈哈……"在欢笑中这次的摘杨梅之行结束了。

 【小微博士有话说】

杨梅肉质的外果皮没有防护，也因此特别容易受到虫害，比较常见的是果蝇幼虫。果蝇繁殖力强，生活周期短，一旦暴发很难控制，而杨梅这种直接吃的水果不能施用普通杀虫剂。果蝇平时以蜂蜜、果实等为食，本身比较干净。在它繁殖的季节，会被杨梅散发出来的气味所吸引，在杨梅表皮上产卵，虫卵孵化变成幼虫后钻入果肉中，以果肉为食。从出生到成长，果蝇幼虫几乎都是在无污染的环境中，因此几乎不会产生对人体不好的病菌，所以直接吃杨梅不容易吃坏肚子。

此外，果蝇幼虫确实是一种优质蛋白，而且经证实还含有一种抗菌肽，能提高人体抵抗力，但因含量极低，食用少量的果蝇幼虫并不能起到人体杀菌作用，而且提炼抗菌肽的手段很复杂，已有研究团队致力于提取苍蝇身上的抗菌肽作为保健品，但目前仍处于科研阶段。 目前杨梅产地已经开始采用无公害、高品质的栽培技术，通过诱虫纸、驱虫膜、灭虫灯、防虫网等物理防治手段栽培出来的杨梅，几乎可以做到没有虫子。尽管如此，杨梅鲜果的保质期很短，常温下只有1~2天，如果里面有虫子，它就会随着杨梅的变质而发育成熟。果蝇幼虫虽然对人体无害，但是一旦它发育成熟，爬出来羽化成黑色成虫，这时候吃下去就对人体有害了。所以，杨梅买来后，一定要尽快吃掉。

35. 橙子君，冲啊！

　　美食城堡学校总是充满了活力，不时飘散着美味食物的香气，不时传出孩子们的欢声笑语。欢闹的人群中自然少不了话痨狐大哥的身影。可是最近几天不知道怎么了，狐大哥显得特别安静，上课不捣乱，下课也不叽叽喳喳找人聊天，看上去有些没精打采，连吃饭都没有了那股积极劲儿。最先发现不对劲儿的是胖胖熊，因为胖胖熊发现狐大哥不仅没有好好吃午饭，饭菜剩下一大半，而且准备的餐后水果也没碰，那可是狐大哥最喜欢的橙子啊！听胖胖熊这么一说，松仔也感觉到不对劲儿，两个小伙伴上前关心问道："狐大哥，你这几天是怎么了？前两天还开心地和我们炫耀零食，现在怎么连最爱的橙子都不吃了？"狐大哥说："我舅舅前几天来看我，给我带了最爱的连环画和零食，这几天都躲在被窝里悄悄看，偷偷吃，可不知道怎么的就长了个口腔溃疡，说话疼，吃东西也疼，吃什么都不香了。"听了狐大哥的话，胖胖熊说："那可怎么办，这样好难受，你都不能好好吃东西了。"松仔说："其实越是这种时候你越应该补充营养，更应该吃橙子。我记得口腔溃疡好像是人体缺乏维生素C，刚好橙子富含维生素C。具体怎么说得记不清楚了，要不我们去咨询小微博士吧，她肯定知道，可以给我们提一些有帮助的建议。"

狐大哥也想口腔溃疡能够早点好，于是和胖胖熊、松仔一起找小微博士咨询。

小微博士听了他们的来意，询问狐大哥最近的生活习惯和饮食情况，开始了小讲堂式的讲解。她给大家科普道："其实口腔溃疡的原因有很多，常见的就有免疫紊乱、内分泌激素水平改变、意外受伤如刷牙过猛，或吃太烫的食物或不小心咬到、饮食不均衡、维生素或微量元素缺乏等。营养不良会降低自身免疫功能，影响细胞再生，减少口腔黏膜消化黏液蛋白的合成，增加口腔溃疡发病的可能性。像狐大哥这种情况，最大原因应该就是他的不规律作息和短时间内摄入太多辛辣及难消化的零食，刺激了口腔黏膜，引起积食和胃火旺盛，导致溃疡。

▲ 橙子的益处

"而橙子，不仅含橙皮苷、柠檬酸、苹果酸、琥珀酸、糖类、果胶等成分，且含有多种有机酸、维生素，有着非常好的抗氧化作用，能提高身体的免疫力，调节人体新陈代谢，具有消食下气、生津止渴、润肠通便、美容养颜等功效。橙子所含有的胶质，可以促进胃肠蠕动，加速食物消化，可以让脂质及胆固醇更快地随粪便排泄出去，有清肠通便的功效。橙子中富含的维生素C和黄酮类化合物，可清除部分破坏性自由基，减轻口腔溃疡的炎症反应，促进口腔溃疡的愈合。橙子的食用方法也是多种多样，可以直接去皮食用，也可榨汁饮用。橙子皮也是宝，可以晒干泡水，能有效地起到止咳化痰降逆的功效。也可以消食和胃，而且橙子皮含有大量的香精油，散发的橙子香具有清新空气、醒脑提神的作用。除橙子外，人们在口腔溃疡时也可以多吃一些蔬菜水果，比如苹果、西红柿，或是在医生指导下口服维生素C或维生素B2。所以，在轻度口腔溃疡时，非常建议多吃橙子等富含维生素C的水果。"

"原来如此，我以后一定坚持作息规律，不挑食、不偏食、合理适量地吃零食。"狐大哥意识到是自己的不规则作息和无节制吃零食导致的口腔溃疡，马上表示会好好改掉坏习惯。

"没想到小小的橙子竟然蕴含着这么多的营养。"胖胖熊把手中的橙子剥开，把它递给狐大哥和松仔，说："我们一起补充维生素，橙子君，冲啊，消灭口腔溃疡！"

 【 小微博士有话说 】

（1）长时间熬夜、饮食不规律、精神压力大，会诱发口腔溃疡的发生。

（2）当发生口腔溃疡时，我们要注意保持良好的口腔卫生，可以使用巴氏刷牙法——要点是将牙刷与牙齿呈45°角指向根尖方向（上颌牙向上，下颌牙向下），时间不少于3分钟，并选择用软毛牙刷来刷牙。注意生活的规律性和营养的均衡性，不偏食，不挑食，以此达到促进口腔溃疡愈合的目的。我们需要补充丰富的维生素，如新鲜的蔬菜和水果，像橙子、猕猴桃、香蕉、苹果、芹菜等。

（3）橙子并不是直接作用于口腔溃疡的治疗药物。如果口腔溃疡严重或持续时间较长，还是建议及时就医。

美食家的智慧

——生活小常识

36. 豆浆没泡泡

在一个秋高气爽的日子里，胖胖熊一家早起去逛了美食城堡里的早市。各式各样的美食琳琅满目，让人应接不暇。"现做的馅饼，皮薄馅多""香喷喷的包子出笼啦""可以续杯的豆腐脑不要错过呀"，吆喝声此起彼伏。一阵阵食物的香味馋得胖胖熊口水都快流下来了，胖胖熊摸摸咕咕直叫的肚子，大声喊道："爸爸妈妈，我好饿呀！"不一会儿熊爸爸手上就提满了美食。

餐桌前腮帮子鼓鼓的胖胖熊一只手里拿着包子，含糊不清地对妈妈说："妈妈，我好像有点噎住了，我们去买点喝的吧。"熊妈妈敲敲胖胖熊的小脑袋，笑道："哈哈，你吃慢点呀，没人跟你抢。"然后走向了隔壁的豆浆摊位。

在人满为患的摊位前，豆浆已经见底了。"豆浆马上就煮好，再稍微等一等啊。"老板说道。"你这不已经煮开冒泡泡了吗，快给我们舀吧。"有心急的顾客催促道。"这可不行，这个泡泡是一种假沸状态，并没有真的煮开，现在喝了可是会出问题的。"老板一个劲儿搅着锅里的豆浆严肃地说道。老板一抬眼发现了人群中的小微博士，不好意思地挠挠头对小微博士笑着说："小微博士，我只知道生豆浆有毒，具体的就不太清楚了，麻烦你给大家讲解一下吧。"

▲ 假沸的豆浆，危险危险

小微博士点了点头，趁着豆浆没煮熟给大家科普道：

"生豆浆在加热到80~90℃时，会出现大量的白色泡沫，实际上这是一种'假沸'现象，此时的豆浆并没有煮透。没有彻底加热的豆浆中还含有很多可能影响人身体健康的物质，如皂素、胰蛋白酶抑制素、脂肪氧化酶和植物红细胞凝集素等。

"皂素是一种配糖体（苷元），它不但对胃肠膜有刺激性，而且能破坏血液中的红细胞，当摄入超过一定限量时会引发恶心、呕吐、腹痛、腹泻等症状，严重时甚至会引起脱水和电解质紊乱，若抢救不及时则很有可能危及性命。

"胰蛋白酶抑制物具有降低胃液中的消化酶活性的能力，会导致人体消化吸收蛋白质的能力降低，从而引发腹痛、腹泻等症状。

"植物红细胞凝集素，简称凝集素或凝血素。它存在于大豆、菜豆、豌豆、花生等800多种植物中，主要是豆科植物的种子和荚果中，大豆和菜豆中该物质的含量最高。红细胞凝集素进入消化道可刺激消化道黏膜，破坏消化道细胞，引起胃肠道出血性炎症。而当外源凝集素与人肠道内的碳水化合物结合时，可使得消化道对营养物质的吸收能力下降，从而导致营养缺乏和生长迟缓，这也是豆类不容易被我们消化吸收的原因之一。凝集素一旦进入血液，就会与红细胞发生凝集作用，从而会破坏红细胞运输氧气的能力，最终导致食用者中毒。值得注意的是，除了喝未煮熟的豆浆外，食用未炒熟的黄豆和黄豆粉也会出现中毒现象。"

随着小微博士的科普，泡沫已经完全消失，锅里的豆浆开始重新沸腾起来。"来喝豆浆吧，热腾腾的豆浆出锅啦，谢谢小微博士给大家科普哦！"老板热情地招呼着大家来喝豆浆。

熊妈妈也端着豆浆回到了胖胖熊的桌前，并嘱咐熊爸爸说："我们以后自己煮豆浆可要注意了，出现白色泡沫后还要继续煮沸哦，没煮熟的豆浆可是有毒的。"

 【 小微博士有话说 】

在自制豆浆时该如何操作呢？在煮豆浆时，应当在出现"假沸"现象后继续小火加热3~5分钟，直至泡沫完全消失，这样不仅可以彻底破坏生豆浆中的有毒物质，还可以极大提升豆浆的营养价值。

37. 膨胀的木耳

　　一大早，雨燕敲着胖胖熊家的门，"胖胖熊，快开门，我来找你写作业啦！"熊妈妈打开门，招呼着雨燕进了门。

　　雨燕来到胖胖熊的房间，看到胖胖熊正对着作业打瞌睡呢。"嘿！胖胖熊，你快醒醒。""雨燕，你怎么来了啊？""要不是老师把我们分在一组互相督促完成作业，我才不来找你呢！我们快写作业吧！早写完早收工。"不一会儿，门铃叮叮叮地响起，熊妈妈打开门一看，原来是狐大哥来找胖胖熊玩。"胖胖熊和雨燕在房间写作业呢，你去找他们吧。"熊妈妈热情地说道。狐大哥猛地打开门冲到胖胖熊面前摇晃着胖胖熊说："胖胖熊，我们一起出去玩嘛。""不行不行，我和雨燕还没有写完作业呢。""那我等你们写完作业，我们叫上松仔，一起去美食城堡公园玩。"说话间隙，熊妈妈对胖胖熊说："胖胖熊，你记得下午5点把干的黑木耳泡到水里哦。"说着熊妈妈便出了门。不一会儿，胖胖熊猛然想起妈妈说的话，"坏了，妈妈让我什么时候泡木耳来着？"狐大哥不好意思地挠了挠脑袋说："阿姨好像让你泡木耳来着，没听清几点要泡啊。""那我赶紧泡上吧。""不行不行，现在太早了，木耳泡太久会有毒的。"雨燕说道。狐大哥反驳道："怎么会呢，木耳那么干，不是要泡很久才能泡开吗？""哎呀，我一两句话也说不清楚，要不然我们去找小微博士给我们科普一下吧！"

　　大伙走出胖胖熊家，正好碰上了要去图书馆的松仔。雨燕和松仔说想去找小微博士科普，松仔也很感兴趣，四个人便一起去同住在美食城堡社区的小微博士的家。"小微博士，小微博士，你在家吗？我们有问题想要咨询您。"小微博士打开门，惊喜地说道："你们有什么问题呀。"雨燕说："小微博士，我们咨询一下您，干木耳应该提前多久泡发比较好？""这你们可就问对人了，快进来吧，我给你们好好讲讲。"

▲ 膨胀的木耳（右图）

1.干木耳泡发的正确方法和时间

　　（1）凉水泡发：一般需要3小时左右。经过3~4小时的浸泡，水慢慢地渗透到木耳中，木耳恢复到半透明状即为泡发好。

　　（2）温水泡发：一般需要1小时左右。通过水温的升高，干木耳吸水的速度也会增快，其内部组织也能快速涨发至原先的肥大、松软程度。

　　（3）盐水泡发：一般需要1小时左右。在浸泡的水中加入少许盐，盐能加大水分子的活性，让其快速进入木耳组织内部，达到加快泡发的目的。

（4）淘米水泡发：一般需要5分钟。用淘米水泡木耳，又快又好。而且淘米水含有米中的淀粉物质，在泡发木耳的同时，还能清洗掉木耳表面的灰尘、沙子等脏物。

2.长时间泡发的木耳所引起的危害

（1）食物中毒：木耳泡发时间过长会被微生物侵入，导致变质并产生毒素，从而引起食物中毒，可能带来多种不适症状，甚至致命。

（2）急性胃肠炎：木耳泡发时间过长，吃后可能引发急性胃肠炎，带来腹部疼痛和腹泻等症状。为避免后患，宜用温水泡发木耳，同时避免长时间浸泡。虽然木耳富含蛋白质且口感好，但泡发需多加注意。

大伙听后豁然开朗，胖胖熊挠挠头说道："那我今晚煮饭的时候把淘米水留下泡发木耳，这样又快又好。"

【小微博士有话说】

木耳本身没有毒性。木耳的外表皮有一层胶质状的营养物质，在泡发过程中，木耳外表皮会裂开，其中所含的营养物质会逐渐渗透到水中。这就相当于浸泡木耳的水变成了"营养水"，成为细菌和霉菌滋生的"温床"。椰毒假单胞菌是一种在自然界广泛存在的细菌，木耳在种植、运输的过程中，如果储存、加工不当，都有可能受到该细菌的污染。长时间浸泡的木耳所处的环境中，过度繁殖的椰毒假单胞菌会产生一种毒性凶猛的毒素——米酵菌酸。米酵菌酸中毒的潜伏期多数是半天至1天，最长为3天，临床症状表现为初期胃部不适，恶心呕吐、腹胀、腹痛等。呕吐时初为食物残渣或黄绿色水样物，有的呈咖啡样物。而后可能出现肝大、肝功能异常、黄疸、腹水等，甚至会出现惊厥、抽搐、血尿、血便，最终可能导致人体多器官衰竭，甚至死亡。米酵菌酸这种毒素耐热性极强，即使100℃高温蒸煮也不能破坏米酵菌酸的毒性。

38. 变身芽芽的土豆君

　　在美食城堡学校的美食课上，牛老师给同学们布置了一个任务，每个人第二天从家里带一种食材到学校，它可以是蔬菜，也可以是水果等。放学回家的路上，松仔、胖胖熊和雨燕三个小伙伴，就在讨论牛老师今天给大家布置的任务。松仔说："你们有没有想好要带什么？"胖胖熊和雨燕异口同声地说："没有。"松仔紧接着说："既然这样，我们一会儿回家后看看家里面有什么食材，然后微信群里联系一下，咱们三个带不同的食材过去，这样可以相互使用对方的食材。"胖胖熊和雨燕听了之后纷纷点头，表示赞同。回到家后，三人查看各自家中的食物，经私下讨论后，就决定了第二天要带的食材。

　　到了第二天的美食课，牛老师走到同学们的面前说："现在请大家把自己带来的食材放在自己的桌前。"松仔带来了一袋美味的松果，胖胖熊带了几颗甜甜的玉米，雨燕带来了好几个土豆。牛老师一一扫视过去，最后将目光停留在了雨燕带来的几个土豆上面，仔细一看，发现这些土豆长了芽，而且有些部分还变绿了。牛老师立刻走到雨燕的身旁说："雨燕，这个土豆发芽变绿，是不能食用的。"雨燕吃惊地问："为什么？"牛老师挠挠头说："这个我们还是请教一下小微博士吧！"

不一会儿，牛老师就去把小微博士请了过来。小微博士听完事情的经过后，就向大家解释道："土豆的致毒成分为龙葵素，是一种弱碱性的生物苷，可溶于水，遇醋酸易分解，高热、煮透可解毒。发芽土豆或未成熟、青紫皮的土豆所含龙葵素增高数倍甚至数十倍。龙葵素具有腐蚀性、溶血性，并对运动中枢及呼吸中

不能吃！

▲ 出芽芽的土豆

枢产生麻痹作用。"雨燕听到小微博士这么说，就准备把土豆扔掉，小微博士立刻阻止雨燕这么做，并且说："我看这些土豆发芽较少，还是可以吃的。但是应彻底挖去芽的芽眼，并扩大削除芽眼周围的部分，这种土豆不宜炒吃，应该充分煮、炖透。烹调时加醋，可加速对龙葵素的破坏。"

雨燕听完小微博士的话后，还是有些犹豫，松仔看出雨燕的顾虑就接着小微博士的话说："既然小微博士这么说了，我相信就不会有问题。我们现在就把这些土豆的芽挖掉，然后用水把土豆煮熟煮透，再加一些醋，相信这样会把土豆里的毒素解除。最后我们把煮熟的土豆弄成泥，搭配我和胖胖熊带来的松果和玉米一定会很好吃的。"雨燕看松仔这么说，于是就开始按松仔说的方法做土豆。在松仔和胖胖熊的帮助下，不一会儿就完成了松仁土豆泥制作，搭配胖胖熊的玉米粒儿，几个人开开心心地吃着这份美食。

【小微博士有话说】

（1）土豆应低温、避光贮藏，防止生芽。

（2）发芽较少的土豆应彻底挖去芽的芽眼，并扩大削除芽眼周围的部分，这种土豆不宜炒吃，应充分煮、炖透。

（3）烹调时加醋，可加速对龙葵素的破坏。

39. 黑暗料理风波

美食城堡迎来了一年一次的美食节，在美食节上可以看到各式各样的美味，而且都是全场半价。胖胖熊、松仔和雨燕来到了这条美食街上，看着每一家所做的美食，有飞饼、炒年糕、各式糕点、手抓饼、水果刨冰等，几个小伙伴目不暇接、垂涎三尺。突然他们走到了一家"黑暗料理"店前，被店里的菜色所吸引，就凑上前去看了看。看着这店里面的菜名让人听着就觉得味道很奇特，像什么西瓜炒香蕉、青菜炒橘子、苦瓜紫薯圈、辣椒蜂蜜青番茄汁、辣椒炒月饼等各种稀奇古怪的菜名，让人听了名字都觉得舌尖发麻。松仔开玩笑地说："胖胖熊，你不是一向都好吃的吗，敢不敢尝试一下新花样？"胖胖熊听松仔这么问他，就拍着胸脯说："怎么不敢啦，从出生到现在，除了我不爱吃的东西，就没有我不敢吃的。"说着，就拉着松仔和雨燕走进了这家"黑暗料理"店。

一进店，胖胖熊就让服务员把菜单拿出来。看到这些菜名，大家真的感觉无法接受。胖胖熊愣了一下，还是硬着头皮点了三份辣椒蜂蜜青番茄汁、橘子泡面和苦瓜紫薯圈。不一会儿，服务员就把胖胖熊点的菜品送上来了。大家看着桌上的菜都目瞪口呆，没想到竟然真的有人可以把菜做成这样。不过他们还是有点不敢吃。胖胖熊鼓了鼓勇气，首先喝了一口辣椒蜂蜜青番茄

▲ "奇怪"的饮料

汁，感觉酸酸甜甜之外还有一点微辣的感觉，是不同于酸辣汤的另一种口味，但是并不难喝。胖胖熊又大胆地尝试了其他的菜，是那种奇怪的感受。相比较，胖胖熊更喜欢这种更像酸辣汤的味道，竟大口地喝了起来。松仔和雨燕看到后也尝了一下饮料，但还是不能接受这种味道。于是胖胖熊就把给松仔和雨燕点的饮料喝了。付过账后三个小伙伴就走出了饭店。

三个小伙伴走着走着，突然胖胖熊感觉肚子又胀又痛，松仔马上意识到可能刚才胖胖熊吃坏肚子了，松仔和雨燕就马上送胖胖熊到医院。医生询问过病情后，就说确实是吃坏肚子了，这两天要忌嘴，多吃点清淡的食物。小微博士正好来医院工作，碰到了松仔他们，了解情况后就跟他们说："青西红柿有清热解毒的作用，对化痰止咳也是很有疗效的，所以如果平时受寒或者是感冒的人，可以多吃青西红柿，对于肺热咳嗽、喉痛咽干、口舌生疮等也有明显的疗效。因为青西红柿没有熟透，所以含有的没成熟的酶也是很多的，我们吃了就会影响我们身体酶的活性，对我们的中枢神经也是有影响的，所以应该少量食用。青西红柿含有大量可溶性收敛剂等成分，与胃酸发生反应，凝结成不溶解的块状物，容易引起胃肠胀满、疼痛等不适症状，所以空腹的时候最好是不要吃。"松仔、胖胖熊和雨燕都点点头，为小微博士的博学而惊叹。

【小微博士有话说】

（1）青西红柿（番茄）有清热解毒的作用，对化痰止咳也是很有疗效的，所以如果平时受寒或者是感冒的人，可以多吃青西红柿，对于肺热咳嗽、喉痛咽干、口舌生疮等也有明显的疗效。

（2）青西红柿没有熟透，所以含有的没成熟的酶也是很多的，我们吃了就会影响我们身体酶的活性，对我们的中枢神经也是有影响的，所以应该少量食用。

（3）青西红柿含有大量可溶性收敛剂等成分，与胃酸发生反应，凝结成不溶解的块状物，容易引起胃肠胀满、疼痛等不适症状，所以空腹的时候最好是不要吃。

40. 牛奶柿子大作战

第一缕阳光冒出地平线，令人期盼已久的周末来了。为什么说今天是令人期盼的一天呢？因为胖胖熊、松仔和雨燕约好要一起去美食城堡公园野餐。

雨燕带来了她最喜欢的水果——柿子。想象一下，柿子像一盏盏红灯笼挂在枝头，让人产生无限暖意的同时，更多的是馋意。每一个柿子都像秋日的阳光，给人以温暖和甜蜜的感觉。柿子除了那一层薄薄的皮，剩下的都是丰满的果肉，口感柔软细腻，入口即化，老少皆宜，咬一口，令人陶醉。又有谁能抵挡住它的魅力呢？

松仔从包里拿出了妈妈为他们准备好的饮料——牛奶。乳白色的牛奶倒入透明的玻璃杯中，放在草地上，阳光为它镀上一层金色的光晕，它的美味，不仅来自它的味道，更来自它的营养与健康。牛奶富含蛋白质、钙、维生素D等营养成分，对于增强体质、健康成长非常有益。松仔每天都会至少喝上一杯，或早晨或睡前。

三明治、甜甜圈、饼干、坚果、柿子……看着摆满草地的美食，胖胖熊的口水都要流下来了，伴随着一句"我们开动吧"，熊爪爪已迫不及待地伸向了红彤彤的柿子。嘴里一边咬着柿子，这边又拿起玻璃杯，喝了一大口牛奶，还不住地点头说好吃好吃。

▲ 食物的"相克"

　　湛蓝如洗的天空，万里无云，阳光透过树叶的缝隙洒在身上，暖暖的，远处的湖泊碧波荡漾，眼前的景色美不胜收。期待已久的野餐，如期而至的快乐，三个小伙伴都非常开心满足。突然，胖胖熊捂着肚子开始叫疼："哎哟，我的肚子，好疼啊！"看着胖胖熊痛苦的样子，松仔在旁着急万分。眼尖的雨燕看到不远处的小微博士，快速跑过去向小微博士求助。小微博士跑过来，询问了他们的情况，目光一一扫视草地上的食物后，说出了自己的猜测："胖胖熊是不是同时食用了牛奶和柿子？"看到三个不停点着头的小脑袋，小微博士说道："我们先一起送胖胖熊去医院，路上和你们解释。"

三个小伙伴疑惑不解地望着小微博士，异口同声地问道："小微博士，牛奶和柿子为啥不能一起吃？"小微博士解释道："牛奶和柿子都是很健康的食物，但是这两样食物一起吃不仅会降低各自的营养价值，还会引起身体的不适，如消化不良、胃结石等。因为牛奶中含有大量的蛋白质，而柿子中含有鞣酸、单宁酸等成分，两者发生化学反应后会造成蛋白凝结，形成不易消化的凝块，影响胃肠功能，可能会出现腹痛、腹胀、恶心、呕吐等症状，要遵医嘱使用健胃消食片、蒙脱石散等药物进行缓解。严重时会导致胃结石发生，需通过手术取石、激光碎石等方法进行治疗，甚至可能导致肠道梗阻。"听了小微博士的话，雨燕三人恍然大悟，原来问题出在这儿。

说话间他们到了医院，胖胖熊在医生的指导下服用了一些药物，很快他就感觉好多了。

此次的野餐经历告诉他们合理搭配食物非常重要，应该了解食物之间的相克关系，避免将不宜搭配在一起的食物一起食用，对身体健康产生不良影响。食物相克是一种常见的现象，虽然有些食物搭配起来很美味，但是享受美食的同时，也不要忽视食物的营养价值和健康风险！

 【小微博士有话说】

（1）牛奶健康又美味，但牛奶并不是百无禁忌的哦！空腹、过敏、乳糖不耐受等人群不宜食用，也不能与含有鞣酸的食物（菠菜、柠檬、杨梅、柿子等）同食。

（2）柿子含有丰富的膳食纤维、维生素C和β–胡萝卜素，有润肺生津、缓解便秘、解酒的功效，还可以做成各种美食，如干柿饼、柿子饼、柿子糕、柿子酱等。但柿子性寒，与螃蟹同食易导致腹泻。不可空腹吃，且不宜与高蛋白的食物（如牛奶、鸡蛋、豆制品等）同食，也不能与红薯、菠菜同吃，会形成胃石。柿子还含有大量丹宁物质，会和游离铁结合，导致铁吸收障碍，贫血人群应尽量少吃。

41. 小心采到毒蘑菇

这个春天在下了一场雨之后,在美食城堡后面的公园里,有一群可爱的植物也慢慢地冒出了头。

▲ 采蘑菇的小伙伴们

　　"胖胖熊，这个周末约上松仔我们一起去后面公园的森林里采蘑菇吧。蘑菇五颜六色的，可好看了。"雨燕兴奋地跑过来找胖胖熊说。"好呀，蘑菇可好吃了，可以炒着吃，煮着吃，炸着吃，有好多种吃法，味道都不错呢。"胖胖熊想着蘑菇的各种烹饪方式就不由得咽了咽口水。

　　周末的早晨，胖胖熊、雨燕和松仔各自拎了一个小篮子钻进森林里面开始采蘑菇。雨后的森林里枯叶被踩着发出嘎吱嘎吱的声音，蘑菇也在枯叶下撑开了自己的小伞，散发着独特的清香。这些五彩的蘑菇不仅吸引了三个小家伙，同时也引来了很多人前来采摘。"红的、蓝的、黄的、白的，这么多种颜色，好漂亮呀！"雨燕说着。"这么漂亮的蘑菇一定很好吃，我们快采吧。"吃货胖胖熊迫不及待地说着就弯下了腰。"等一下，这些彩色的蘑菇有的可能是毒蘑菇，我在书上看到过，我们还是不要轻易采摘吧。"这时，松仔出声制止了他们。

　　"怎么会呢，这一看就很好吃哎。"胖胖熊望着远处人们装满了的篮子嘟囔着说。"那我们还是把小微博士请来吧，让她来跟我们讲解一下吧。"松仔说着就去请小微博士。

　　恰好也在森林中采摘蘑菇的小微博士被松仔请了过来，在了解详情后便为大家讲解：

　　"作为一种大型真菌，蘑菇在全球各地均有广泛生长分布。野生可食用蘑菇品种繁多，营养丰富，采摘方便，成为全球各地人们餐桌上的常见食材，但是野生蘑菇中可食用品种与有毒品种容易混淆。最近，随着气温的逐渐升高，雨水也会随之增多，野生蘑菇进入生长旺期，所以也是食用野生毒蘑菇中毒的高发季节。但由于野生蘑菇种类繁多，且目前尚未形成可以用来鉴别其是否有毒的简易科学方法，肉眼难以辨别其是否有毒。"

　　哪些是毒蘑菇呢？毒蘑菇的危害又有哪些呢？小微博士继续给大家科普道：

"毒蘑菇又称毒蕈，常见的可致人死亡的有40多种，多生长在潮湿低洼、湿度大、阴凉的地方，外观与可食用蘑菇非常相似，不易区别。

"根据蘑菇中毒种类不同可累及不同器官及系统，可分为以下临床类型：急性肝损型、急性肾衰竭型、溶血型、横纹肌溶解型、胃肠炎型、神经精神型、光过敏皮炎型及其他损伤类型。最常见的靶器官损害是胃肠道系统和中枢神经系统。部分地区神经精神型蘑菇中毒发病率最高，常有因过量食用含有神经毒的牛肝菌后出现'小人国幻象'症状及一系列兴奋躁狂神经系统症状，严重的可能出现被害妄想、精神抑郁等其他类似精神分裂症表现；极少数可出现脑水肿和肺水肿，最终死于昏迷或呼吸抑制。"

小微博士的科普让三个小家伙不知所措，不知道是否还要继续采摘下去，胖胖熊也耷拉着脑袋想着泡汤了的美味的蘑菇大餐。小微博士看了看三个小家伙笑着说："你们可以跟着我采摘一些常见的食用菌，或者等会儿我们去美食城堡的市场上买一些呀。"小微博士的话让胖胖熊的眼睛里重新有了光。"谢谢小微博士！"三个小家伙齐声道谢，并拿着小篮子和小微博士一起采起了蘑菇。

 【小微博士有话说】

（1）预防毒蘑菇的根本方法就是不要采摘不认识的野生菌类。

（2）要学会辨别信息的真伪。民间有许多辨别毒蘑菇的说法，如鲜艳的蘑菇都有毒等，这些都是没有科学依据的。

（3）如果误食野生蘑菇后出现疑似中毒或中毒症状，要及时处置和治疗，要尽早到医疗机构，用催吐、洗胃、导泻、灌肠等方法迅速排除毒素。